企业建筑的形象塑造

IMAGE CREATION OF ENTERPRISE ARCHITECTURE

王 丹　吴晓东　徐 丹　编著

江苏凤凰科学技术出版社

南 京

图书在版编目（CIP）数据

企业建筑的形象塑造 / 王丹，吴晓东，徐丹编著
. -- 南京 ：江苏凤凰科学技术出版社，2021.3
ISBN 978-7-5713-1725-6

Ⅰ．①企… Ⅱ．①王… ②吴… ③徐… Ⅲ．①企业形
象－建筑设计 Ⅳ．①TU2

中国版本图书馆CIP数据核字(2021)第010755号

企业建筑的形象塑造

编　　　著	王　丹　吴晓东　徐　丹	
项 目 策 划	凤凰空间/苑　圆	
责 任 编 辑	赵　研　刘屹立	
特 约 编 辑	苑　圆	

出 版 发 行	江苏凤凰科学技术出版社
出版社地址	南京市湖南路1号A楼，邮编：210009
出版社网址	http://www.pspress.cn
总 经 销	天津凤凰空间文化传媒有限公司
总经销网址	http://www.ifengspace.cn
印　　　刷	北京博海升彩色印刷有限公司

开　　　本	710mm×1 000mm 1 / 16
印　　　张	11
字　　　数	140 800
版　　　次	2021年3月第1版
印　　　次	2021年3月第1次印刷

标 准 书 号	ISBN 978-7-5713-1725-6
定　　　价	78.00元

图书如有印装质量问题，可随时向销售部调换（电话：022-87893668）。

编委名单

序

　　忽然拿到书稿，没加思索就翻阅了起来。一开始是觉得有趣，并且愿意读，很顺地读了下去。然后，就觉得有用，真的是越看越有用，直至觉得应该拥有一本。之后，就感到了一种建筑师的情怀了，真的是有一种情怀让这本书有了灵魂，有了力量，也有了深度和内容。

　　书中通过建筑师的慧眼，以建筑师的视角遴选了一批有情怀的建筑师给有情怀的企业做建筑的例子。列举的这些建筑的艺术造型都不一定是大师之作，而且也不是什么名胜，但在经过了时间的考验后，它那高技或低技表达，已经形成一种建筑风格，是用建筑来表现艺术、表达使用者的一种手段。

　　建筑表达作为企业形象的物质载体，也是企业形象建设中的重要内容，与企业形象是密不可分的。企业文化是现代企业发展的灵魂，对企业有着重要的作用。从企业形象文化的特点出发，做精确的表达，或通过建筑艺术直接展示企业形象，都是有效的途径。

　　事实上，本书的三位作者就是建筑师，他们对于手工艺以及材料特质有着非同寻常的洞察力，正是在他们敏锐的"匠者之眼"的观察下，书稿的内容才那么朴实而实用，那么关注细节。他们自己就是"只为完成艺术而建造的建筑师"。书中例子中也有他们的作品。一些外露的、精细的交接结构件正体现了他们对于设计的信仰。他们的设计也忠实于材质本身，希望用最诚实的建构语言来体现设计，这不是矫饰，而恰恰是两人对于本真的艺术之美的追求。正如他们所言："我们的设计理念是使得整个设计尽可能地直接和简单，但始终要以把美的理念植入人们心中作为最终的目标。"

　　建筑师为人服务，建筑师为企业服务，建筑师为社会服务。但不知从什么时候开始似乎变成了建筑师"为房地产开发商服务"，从此某些建筑师的情怀日益递减，平庸的建筑日益增加。在下不才，真心呼唤一个"后房地产时代"的到来，能够让建筑回归本原，能够让书中列举的建筑蓬勃呈现。

胡文荟

2020 年 8 月

于陵水河畔建筑馆

目录
CONTENTS

——第一章——
企业建筑综述

　　企业建筑是企业文化的重要表现形式，是企业文化的主要传播载体。企业建筑能够突出企业形象，贯彻和发扬企业文化，体现企业的人文关怀。企业建筑在通过象征和隐喻的方式来表达一种具体的事物以外，它更多的是表达一些企业理念上的意义。它传递着企业的信息，表现企业精神，发扬企业文化。

企业与建筑

一、企业建筑的定义与意义

1. 企业建筑的定义

要明确"企业建筑"的定义，我们首先要明确"企业"的定义。在《辞海》中，将"企业"解释为"从事商品和劳务的生产经营，独立核算的经济组织。如工业企业、农业企业、商业企业等"。在《现代汉语词典》中，将"企业"解释为"从事生产、运输、贸易、服务等经济活动，在经济上独立核算的组织，如工厂、矿山、铁路等"。因此，这些从事生产、运输、贸易等经济活动的工厂、矿山、公司等所在的建筑物、厂区、场地，可被统称为"企业建筑"。

2. 企业建筑的组成

广义的企业建筑，包括管理办公类建筑（例如总部大楼、办公室等）、生产制造类建筑（例如工厂、矿山、码头等）、经营销售类建筑（例如4S店、产品交易中心等）、展览展示类建筑（例如企业博物馆）等。

3. 企业建筑的意义

（1）企业建筑是企业文化的重要表现形式。企业建筑是企业文化在时代背景下的历史见证，是企业文化在物质环境和空间形态上的具体表现。企业建筑是企业文化的物质载体，企业通过企业建筑向公众展示其企业精神。

（2）企业建筑是企业文化的主要传播载体。企业建筑位于城市之中，除了通过象征和隐喻的方式来表达一种具体的事物以外，更多的是表达一些企业理念上的意义。企业建筑被看作是企业文化的传播载体，它传递着企业的信息，也同时成为企业文化的一部分。人们生活在城市中，通过对企业建筑的解读，可以感受到这个城市具有什么样的文化沉淀。

（3）企业建筑能够突出企业形象，贯彻和发扬企业文化。企业建筑作为企业的"名片"，有着多方面的功能，例如对外展示、形象宣传，能够向社会公众展示该企业的形象，表现企业精神，发扬企业文化。尤其是个性化的企业建筑，更加容易吸引社会公众的眼球，甚至能够引发他们心理上的震撼。例如荷兰国际集团的总部大楼，前卫的建筑师利用飞船的概念形象，展示了公司的独特个性，Ｖ形的支撑结构将总部主体脱离地面，犹如一艘无往而不破的巨型战舰。

▲ 荷兰国际集团的总部大楼

二、企业与建筑的相互关系

建筑是人类最重要的文化现象之一，它反映出一定时期的文化背景，因此，看待建筑必须以文化的视角。而企业建筑是企业物质文化的重要组成因素，也是企业行为活动方式的物化载体。因此，企业可以通过企业建筑塑造企业形象，表达企业经营理念，贯彻和发扬企业文化。

1. 基于现代受众文化心理的企业形象有哪些特点

随着社会经济的快速发展，我们已经进入了形象竞争的时代，对于具体对象的评价与接受，一般均以形象认可为前提。企业形象是企业形状在人们主观心理上的客观投射，通过企业建筑，以企业自己特有的精神文化，塑造企业自己的形象，打造属于企业自己的品牌，展示企业自己的独特魅力，从而得到社会公众的广泛关注与认同，确立企业的社会地位，已经成为新时期企业管理的重要课题。

从心理学角度出发，我们会发现企业形象的内涵包含了多重的统一关系："物质与精神的统一""主观与客观的统一""稳定性与变动性的统一"以及"一致性与脱离性的统一"。

（1）物质与精神的统一。对于广大受众来说，通过企业建筑所塑造的企业形象，是可感的、有形的、显性的，例如企业的厂房建筑与设备、企业的产品等（例如丹迪能源中心）。企业形象也是无形的、隐性的，例如通过企业建筑所表现的企业精神文化、经营理念、发展目标、企业思维等。因此，企业形象是"形神合一"的载体，"形"和"神"的结合，便构成了人们心目中的企业形象。

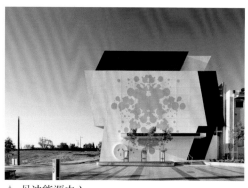

▲ 丹迪能源中心

（2）主观与客观的统一。人们对企业形象的感知，是客观与主观的统一。从传播学的角度来说，通过企业建筑所表达企业形象的信息是客观的，信息所赖以生存的语境是客观的，信息所赖以传播的信道也是客观的，因此，受众文化心理的企业形象具有客观性。通过企业建筑所表达企业形象的信息必须经过受众的读码、解码、编码及译码等一系列的主观心理过程才能最终成为影像，因此，受众文化心理的企业形象也具有主观性。

（3）稳定性与变动性的统一。从心理学角度来说，通过企业建筑所表达的企业形象具有"首因效应"和"近因效应"两方面的特点。所谓首因效应，主要是因为人们在经验和态度的支配下，通常会选择自己喜欢的信息去认知，进而忽略了其他的信息。于是，人们头脑中对于企业的印象，不会因为微小的变化而有较大的改变，也不会影响到企业的形象。所谓近因效应，主要是因为社会在变迁，只要有关某一企业的信息强度足够大，持续时间也足够长，即达到一定的"阈值"，就可以引起人们新的认知，进而改变他们对这一企业的印象，从而使企业形象也有所改变。

（4）一致性与脱离性的统一。社会公众在解码过程中对企业理解的多样性，决定了企业形象无法准确传达的必然性，也就是某种程度的"误读"。这种误读有的是有意误读，例如在看待某企业时，往往会渗入诸如情绪、期望和经验等主观因素；有的是无意误读，例如人们并不了解某个企业，与该企业也从来没有发生过关系和接触，他们心目中关于该企业的形象是由别的公众传播给他们的，而这个传播过程往往会发生信息的变形或失真。因此，相对于一个企业的真实形象，公众心目中的企业形象往往具有相对的脱离性。企业应注意企业符号的设计，包括企业标徽、企业建筑等有形符号（企业 VI），企业价值观、企业精神等无形的言语符号，以及企业行为如经营、慈善等，要考虑社会文化语境和公众的接受心理等因素。

2. 企业形象的定位

定位是指要针对潜在顾客的心理采取行动，即要将产品在潜在顾客的心目中定一个适当的位置。通过企业建筑所塑造的企业形象应当准确定位在社会公众偏爱的位置上，同时要通过一系列营销活动来传播这一定位的信息，让社会公众注意到并感到它就是他们所需要的，就是为他们所定制的，从而使企业选定的市场能够真正成为该企业的目标市场。根据定位理论的观点来归纳形象定位，应该从以下几个方面着手：

（1）独据一点。企业形象定位的目标就是使某一企业品牌、公司或者产品在社会公众心目中获得一个占据点、一个认定的区域位置，或者占有一席之地。

（2）突出诉求点。企业形象的定位，要在社会公众的心理上多下功夫，力求创造出一个心理的位置，突出重点和个性，使企业形象传播得更鲜明，在社会公众心目中留下更深的印迹。

（3）突出差异点。企业形象表现出的差异性就是要显示和实现出品牌之间的类的区别。例如德国慕尼黑的宝马中心，这个以"宝马世界"为代表的汽车文化建筑，不但在外观上富有鲜明特色，其内部的多功能结构设计更是体现出一种对于汽车文化的传承与关照。而梅赛德斯－奔驰新博物馆则以其独特的建筑外观成为当地地标。在建筑设计方面，梅赛德斯－奔驰新博物馆鲜明的现代风格不仅体现了其未来特色，而且保持了其品牌的传统文化。从德国慕尼黑的宝马与梅赛德斯－奔驰，我们可以发现两个品牌之间类的区别。

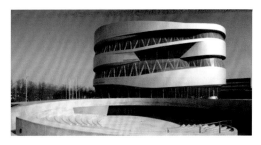

▲ 梅赛德斯－奔驰新博物馆

（4）突出记忆点。企业形象定位最终的结果就是在消费者心目中占据无法取代的位置，让品牌形象深植于消费者脑海之中，一旦有相关需求，消费者就会开启记忆之门，就会自动地、首先想出广告中的这种品牌、这家公司或产品。

3. 企业形象与企业建筑的关系

（1）企业建筑是确立企业经营理念、认知企业文化的物化存在。精神是企业文化的基础，是员工的心理依托，企业要想让员工很快融入企业文化中，在公众心目中树立良好的企业形象，就要通过各种方式实现对企业文化的认知。企业通过建立识别系统（理念识别系统、行为识别系统、视觉识别系统），向员工和社会公众宣传自身文化，传递企业形象与经营理念。理念识别系统为企业建筑设计提供了文化内涵，企业建筑作为视觉识别系统的主要部分，可以成为企业进行文化宣传的重要手段，为企业文化的推广和传播提供现实的空间。例如世界著名的谷歌总部，就是通过建筑穿插构件的个性表达方式，向公众展示了企业大胆创新的冒险精神，进而达到理念识别系统与视觉识别系统的一致性。

▲ 德国慕尼黑的宝马中心

▲ 谷歌总部

（2）企业建筑是企业行为活动方式的物化载体。企业建筑不仅为企业生产提供场所，也为企业管理和员工生活提供了空间。在企业形象的构成要素中，行为识别既是企业展示企业形象的有力手段，也是社会公众识别企业的基础。行为识别是企业的动态形象识别，是建立一套完整的生产、管理、经营、销售、文化生活方式。它的建立，需要企业建筑作为物化载体，为其提供环境和设备条件。企业建筑可以反映企业管理、生产生活等行为特征，同时企业建筑作为行为发生的必要场所，也受到行为的影响。例如百度新总部园区，其配套设施一应俱全，大楼里拥有国内最长的屋顶跑道（超过1千米）、3座高达17米的攀岩墙、中医按摩室和育婴哺乳室、全天开放的睡眠室等等，为员工提供了自由而轻松的工作环境，在建筑设计中反映了企业所追求的行为活动方式。

▲ 百度新总部园区

（3）企业建筑是企业视觉形象信息的传递。在企业形象的三个识别系统中，企业视觉识别是最外在、最直接、最具有传播力和感染力的部分，它将企业精神层、行为层符号化，从而塑造企业形象。视觉识别主要是通过视觉符号设计的统一化来传达企业精神与企业经营理念的，而企业环境是企业建立视觉识别的重要部分，企业建筑形象作为企业环境的一部分，不仅要体现企业精神和管理理念，而且要表现企业产品的特点，要利用颜色、标志、建筑造型、内部空间设计等方面，达到企业形象的统一性。企业建筑是企业文化物化层面的重要内容，在树立企业形象方面起着重要的作用。

（4）企业建筑是企业物质文化的表达。企业文化是近年来流行的管理理论，从比较被人们所认同的三种学说定义来看，企业文化包含了物质文化的内容。企业文化中的物质文化指的是企业的产品、机器和建筑物等，是一种以物质形态为主要研究对象的表层企业文化。企业物质文化以物质形态为载体，以看得见、摸得着、体会得到的物质形态来反映出企业的精神面貌。例如金色拱门标志的麦当劳，以其标准化的生态作为其物质的核心内容。企业建筑在企业文化理论中属于物质文化层面的内容。企业建筑要反映了企业文化的深刻内涵，是企业物质文化要素之一，企业建筑反映企业文化是企业建筑物设计发展的必然趋势。另外，企业文化中的物质文化还体现在企业管理运行层面，企业通过对办公建筑、办公空间的灵活布置和可变性组合，使企业内部办公空间更好地适应企业运营管理过程中对各部门调整的需要，更加方便企业的运营管理。

▲ 麦当劳的金色拱门标志

4．企业建筑表达企业形象的方式

（1）从传统文化与企业文化的结合中寻找企业形象的构思源泉。企业建筑要反映出企业文化的内涵，表达企业形象，就一定要深刻理解该企业的定位、企业家精神、核心价值观等内容。我们东方企业大多数都受儒家思想潜移默化的影响，企业形象与儒家的思想和价值观有着很强的联系，特别是对于一些强调中国传统文化的企业，它们的建筑风格一般都融入了一些中国传统文化因素。因此，在中国我们要考虑如何从传统文化与企业文化结合中寻找构思的源泉。

海尔集团办公大楼，从外观看是一幢四方型的建筑物，从大楼里面看则是圆型的，体现了海尔集团企业形象识别标志的内涵。

▲ 海尔集团办公大楼

而海尔大学的建筑风格则完全是按照我国古代传统建筑设计的，不仅仅体现了海尔集团所在之地——山东是孔孟之乡，同时还充分体现了海尔集团企业文化中的儒家思想。

▲ 海尔大学

建筑与文化的关系是不可分割、互为表里的。西方企业建筑的风格与西方的建筑文化密不可分，西方建筑文化的特点主要是理性和抗争精神、个体与主体的意识、怀疑与否定的心态、宗教与意志力的迷狂等。因此，西方企业建筑在设计时，不仅重视建筑的体形处理和建筑物的整体与局部，而且鼓励个性发展，提倡出类拔萃的风尚。由于西方企业大多数是崇拜个人主义和英雄主义的，所以大多数的企业文化提法比较直接。因此，企业建筑一定要将企业所处的民族文化与企业本身的特质理解透彻，这样才能够将企业文化的内涵渗透到企业建筑当中，更好地表达企业形象。

（2）将企业形象战略进行提取、拼贴、变异和进化，应用到企业建筑的造型、色彩及布局设计之中。我们将企业的标志、标准色、形象符号等进行提取、拼贴、变异和进化，可以很好地将企业形象体现在企业的建筑之中，使企业建筑本身变成表现企业形象的"广告"。例如，美国加利福尼亚州有一家经营开山机械的公司，该公司将它的营业总部建筑设计成一台开山机械，楼前还堆筑了一座假山，因此在高速公路上远远望去，仿佛一台巨大的开山机正在作业。

（3）在企业建筑的内部结构与装饰之中体现企业形象。不同的企业形象可以从企业建筑的内部结构和装饰风格中体现出来，如强调平等、无级别差异的企业文化，它们的企业建筑物会采取开放式的结构。例如著名企业美国惠普公司，它们企业的高层并没有自己的独立办公室，公司的总裁与普通员工一样都在办公大厅里工作，因此企业员工可以在这种敞开式的环境里面感受到企业文化所提倡的平等氛围。而在我们中国，虽然企业强调级别管理，公司领导会有自己的独立工作环境，但不同的材料所体现的企业文化和企业形象也不一样，比如用玻璃作为墙体，除了体现现代化理念之外，还意味着公开、透明的管理风格。此外，反复使用相同色彩可以起到加深印象的作用，如在企业建筑的内部装修中采用与产品相同的色系构成，也可以起到很好的宣传企业品牌形象的作用。企业建筑的风格同样有助于提高企业内部人员对企业的认同，从而表达企业文化所追求的一致性和产品的艺术性。例如腾讯公司的内部办公空间设计风格，就很好地体现了其活泼、和谐、创新和追求卓越的企业文化和企业形象。

▲ 腾讯公司的内部办公空间

企业建筑历史回顾与发展历程

一、那些名垂史册的企业建筑

一些著名企业建筑见表 1-1。

表 1-1 著名企业建筑一览

图示	名称	区位	设计者	建成年份
	宝马总部大楼	德国，慕尼黑	卡尔·施旺哲（奥地利）	1972 年
	谷歌总部大楼	美国，加利福尼亚州	美国 SWA 景观设计事务所	2006 年
	微软总部大楼	美国，西雅图	不详	1977 年
	爱马仕艺术总部	法国，巴黎	RDAI 建筑事务所和 Denis Montel	2010 年
	里斯本沃达丰总部	葡萄牙，里斯本	Barbosa 和 Guimaraes	2004 年
	Helvetia Italy 总部	意大利，米兰	Meili & Peter	2004 年
	里贝拉格兰德尔杜罗总部	西班牙	ESTUDIO BAROZZI VEIGA S.L.P.	2006 年
	新 Trianel 总部	德国，亚琛	冯·格康、玛格及合伙人建筑师事务所（gmp）	2014 年
	沃达丰总部	葡萄牙，波尔图	Barbosa 和 Guimaraes	2009 年
	沙乐华总部	意大利，博尔扎诺	CinoZucci 事务所和 ParkAssciati	2011 年
	梅赛德斯 - 奔驰中心	中国，上海	华东建筑设计研究院	2010 年

二、企业总部建筑外部形态的发展进程

1. 工业时代及以前企业总部建筑的发展

（1）古希腊时期：在古希腊时期，建筑基本上用于统治阶层行政，行政人员聚集在行政广场周围的公共建筑内办公，而市政厅和带有长方形廊柱的基督教堂逐渐发展成为城市高级公务人员的办公空间。

（2）中世纪后期：中世纪后期的意大利，出现了具有现代企业意义的银行，出现了工作的专业化分工与办公空间的划分。

（3）工业革命后期：工业革命后，随着资本市场的逐步建立，私营银行与保险企业应运而生，其员工的活动方式与办公室紧密相连，于是租赁性办公建筑不断被建造出来，用以迎合这一需求。

（4）20世纪，企业的不断壮大和办公需求的增加促进了办公建筑的发展。产生了两种传统建筑：一种是以作为企业总部为兴建目的的建筑，它是为了颂扬兴建大楼的公司而建造的，例如1908年美国纽约曼哈顿的胜家大楼，该大楼就成为公司的促销宣传的一部分，每一台卖出的胜家缝纫机都附了一张胜家大楼的照片，作为公司的商标而存在；另一种是以出租为目的的投机性建筑，这种建筑一开始则倾向于功利主义，一般都大同小异，设计成仓库。1902年，在对企业办公特点进行

▲ 胜家大楼

分析的基础上，赖特通过拉金公司大楼的设计方案，向世人展现了办公大楼设计的新型布局。

▲ 拉金公司大楼

20世纪60年代，办公建筑出现了基于交流空间、弹性工作空间与新技术理念而出现的新模式——景观式办公。第一个景观式办公楼就是德国贝塔斯曼总部大楼，该办公楼设有移动式屏风作为主要分隔体系，铺设地毯与隔声顶棚以减少日常移动的噪声。这个时期内的企业总部建筑尚处

▲ 贝塔斯曼总部大楼内景

▲ 贝塔斯曼平面分布图

于萌芽时期，与租赁式办公楼同步发展，限于技术与办公理念的束缚，在建筑形态上基本都以矩形盒子为主，并且配以古典主义立面。

2. 后工业时代下总部企业建筑的发展

这一时期的企业总部员工大多以脑力劳动者为主，这些工作者对于工作环境与舒适度有着较高的要求。企业为了留住高智商的员工，就要不

断地提高工作环境的舒适度，使得办公空间更加的人性化。因此，许多新兴产业的总部建筑倾向选址于风景优美、建设低密度、多功能的总部园区，给员工提供心旷神怡的整体环境。

3. 新时代企业总部建筑的发展

当今世界已进入一个多元化时代，多元化是当代社会最本质的特征。世界的多元化给建筑创作带来了多元化的特点，企业总部建筑作为全球化经济的重要载体，面对丰富多彩的区域性差异，其建筑外部形态的发展更显著地体现多元化的特点。

企业建筑设计原则

一、周围环境的制约

1. 社会环境

企业建筑作为一个特殊的个体，要置于政治、经济、文化、信息等普遍因素的影响之下，必须遵循城市或者区域的政策与法规，符合当地规划所设定的限制条件。另外，企业建筑的设计还要积极着眼于人口、交往、安全与生态等社会问题，贴近社会文化与大众的心理需求。

2. 自然环境

企业建筑要尊重环境，与自然环境和谐共处。

（1）企业建筑设计要适应地形条件。地形是建筑未建之时的客观存在，企业建筑应当对地形因素充分考虑。例如 KPF 设计的《今日美国报》公司总部建筑在处理地形问题上，选取了最为理想的 U 形形体方案，将主题建筑放置于基地的西北侧，入口庭院朝向东南，阳光充沛，同时遮挡了冷风和公路噪声；场地的东南角作为垒球场、游戏场、野餐场所，并且设计了一条 1 千米长的慢跑小径。

▲ 《今日美国报》公司总部

（2）企业建筑的形态设计要充分适应当地的气候特征，使地方性的阳光、空气、雨水、温度、风等都成为建筑设计的依据。例如西班牙马德里的一座具有独特生物气候的某电子安全系统新总部，该总部建筑的建筑师提出了一个形式与气候功能相辅相成的设计，建筑顶部采用红色悬臂式现浇混凝土楼板，减少了建筑立面 90% 的阳光直射，避免了百叶窗的安装，可以减少白天电灯的使用，人工照明仅由 LED 灯具提供。该总部建筑首次使用了建筑师自主研发的 HOLEDECK 集成地板系统，安装此系统后，不再需要做吊顶，因此每层能够多出 50 厘米的高度。

▲ 西班牙马德里具独特生物气候的某电子安全系统新总部

（3）企业建筑设计要以生态性为原则，与周边环境相互协调。近年来，在对自然环境日益尊重的设计思想的影响下，建筑师们开始将企业建筑作为基地中的"建筑化景观"来对待，试图从建筑造型、色彩与材料运用方面，追求与自然环境的景观互动。因此，在企业建筑形象设计中，我们要改变传统建筑只关注生产而与自然相对立的态度，以生态性为原则，与周边环境相互协调。法国欧莱雅工厂的建筑设计就是一个建筑与自然密切结合的典范。为了展示欧莱雅化妆品的自然、安全、无危害的特点，整个建筑周边布置了大量绿化设施，并且将水体引入到建筑内部。在欧莱雅工厂，绿草、清水与建筑浑然一体，充分体现了欧莱雅集团追求自然美的企业理念，塑造出了欧莱雅集团良好的企业形象。

▲ 法国欧莱雅工厂

3. 城市环境

城市环境是包含着多种城市基本元素的综合称谓，它凝聚着许多专业工作者的创造性工作。城市基本元素包括单体建筑、道路、广场、绿化、设施及交通工具等内容，这些基本元素在城市里互相依存，既可以独立地存在，又能够联合起来为城市服务。因此，企业建筑在设计伊始，便要确定好自己试图进入城市环境的姿态——是要融入其中还是要特立独行。但最终的结果无论怎样，企业建筑最终都将与其他基本元素并列在一起，为这个城市服务。

例如1998年博塔受委托设计的希腊银行新总部，地址选在了雅典历史中心的一个重要街区的拐角位置，毗邻雅典历史区，具有非常重要的历史价值。一个很大的古罗马式建筑的中庭处在希腊银行新总部的中心位置，从地面下9米深的古代壕沟一直延伸到建筑顶部的天窗下。在室内空间设计上，让自然光通过一系列的天窗进入建筑内，在顶层和底部的空穴设置了流动的空间。在建筑设计过程中，保存了雅典城墙大门的遗址，架空的空间强调了该设计的公众性。钢骨架与玻璃楼面的设计使这些古代

▲ 希腊银行新总部外景

遗迹在外界清晰可见，从而将这个地下入口空间变成了一个城市的博物馆。同时，建筑师们赋予了这个建筑与周围建筑类似的材质，尽管带有博塔强烈的个人印记，但从未尝试要突出他的现代主义特征。整个形体如同一个石头盒子一样悬浮着，与周围新古典主义房屋相对比，其外表呈现一种朴素、原始的形状，安静地融入这块文化沃土之中。

二、企业的行为属性

所有的企业建筑均需要为企业日常的需求提供服务，任何企业建筑建设的最基本的原则就是要满足人们的日常办公与日常事务要求。企业作为一个单位，如同带有鲜明特色的个人，也带有区别于其他企业的特点与属性。

1. 企业的行业属性

企业产业性质不同，其建筑的选址、功能构成、建筑规模也会有很大的差别。例如制造业的企业总部大楼，它一般选择在自己产权下的工厂园区内，与生产制造环节联系较为紧密，主要承担组织、管理、研发及销售等职能。因此，在此类企业建筑的设计上，必须要重视企业形象和企业产品的展示功能，既要具有保证企业员工工作的私密性，又要具有欢迎顾客参观的开放性。而在企业建筑形象上，要积极寻求与企业产品、符号、文化相通的设计元素来表达企业形象，并要具有企业名片的作用，从而起到广告效应。丰田公司在英国的新总部就是一个很好的例子，其总部建筑中设置了适于交流的光线充足的线性大厅，被称作"大街"，里面有可任意使用且足够多的座椅。而且，丰田公司的新款汽车就停泊在这个线性空间里，如同城市街道上停泊的车辆一般。这个空间不仅体现了该企业的企业形象，而且兼作为展厅，展示了公司的最新产品。

▲ 丰田英国新总部内景

再如金融业建筑，此类总部建筑通常对私密性要求较高，内部办公区域一般仅向相关员工开放，需要使用身份验证设备才能通行，而对公众开放的区域一般是底层公共空间或建筑外部公共空间。这里我们通过韩国发展银行新总部大楼这个例子来说明金融业建筑的特点。韩国发展银行新总部在首尔的全道广场占有显眼的位置，它靠近国会大厦和具有强烈的文化色彩的汉江，并与全道广场相连，这样的设计很容易让人们联想起北京的天安门广场和纽约的中央公园。建筑师们为这个新总部设计了一个巨大的中庭空间，成为银行办公区与室外广场的缓冲，并且可以容纳公众的交流活动，进而延伸了广场的开放空间。

2. 企业的规模属性

企业的业务规模决定了企业总部建筑的规模，不同规模的企业所要求的建筑规模也不同。

（1）特大型建筑。总建筑面积大于10万平方米。这种类型的建筑由于占地面积广大，一般是建设在郊区独立办公园区，建筑普遍采用群体分散式布局，各功能区也放大成为功能楼。例如美国微软总部，共建有110余座单体建筑。除了办公楼以外，还设置了商业、餐饮、影院、健身中心等服务设施，其功能的混合使其成为一座设施完善的微型城市，微软的员工们可以在其中实现各种活动。此外，也有综合体式企业总部的设计，通过一个巨大体量的建筑形体来组织各种所需功能，例如福斯特正在设计中的苹果公司新总部。新总部建在一块约70公顷的基地上，这个将容纳13000名员工的总部是一座四层的圆形建筑。

▲ 苹果新总部设计方案

（2）大型建筑。总建筑面积大于1万平方米。这种类型的建筑表现形式最为多样，单栋、主配楼或者成组布置均可，层数差异也较大，但总体布局相对比较紧凑，占地较为经济合理，各种功能区也因建筑的形式而变化各异。

（3）中小型建筑。建筑面积小于1万平方米。建筑一般以企业独栋的形式出现，适用于较小的企业或是新成立的企业。例如 Vitra 家具公司，它利用一座其弃用的工厂改造成新总部，总建筑面积约为2200平方米。整个建筑只有一层，平面布置了多种办公空间，既能满足团队办公，也能满足有边界和无边界的办公模式，而且允许员工根据自己的需要选择办公地点。

▲ Vitra 家具公司

3. 企业组织方式的体现

随着社会技术的发展，信息时代下现代企业的组织管理方式也在不断更新变化，呈现扁平化、网络化和虚拟化的特点。

4. 企业文化和形象需求

在国外，很多实力雄厚的企业都拥有自己独特的经营文化与企业特色，并将这些作为企业的重要财富进行发扬，运用各种公关手段宣扬自己的企业文化，其中之一就是通过企业总部建筑设计来打造一个属于企业自己的广告。近年来，随着国内企业的实力增强，企业文化意识开始逐渐觉醒，公众在建筑文化素养方面的提升使得质量卓越的定制建筑大量出现，建筑的文化内涵日益受到关注。相比传统的企业文化展示渠道，企业建筑往往具有更为丰富、直接的表现力与说服力，

企业建筑也毋庸置疑地成为企业的重要名片。因此，企业建筑的建筑形态以及空间不再仅仅局限于担当使用功能的承载者与体现者，而成为企业文化的诠释者与宣传者，并且承担着向企业内部员工、外部访客和社会公众表达、展示、宣传企业理念和文化精神的作用。

三、建筑设计思潮的影响

企业建筑往往代表着当下最新的设计理念。一方面，随着信息技术的发展和审美倾向的转变，建筑的设计风格也随之不断发展变化，从功能单一、形态呆板的建筑形式，逐渐走向多元化、地域化、园林化的建筑不断被建造，具有现代主义的建筑设计也方兴未艾，绿色、生态的理念如雨后春笋般出现。另一方面，参数化等新的设计工具、方法也在蓬勃发展。企业总部建筑设计属于这个范畴的典型代表。由于企业总部拥有雄厚的资金支持，对新材料、新技术的应用原则更加宽泛，始终走在时代的最前沿，和政府主导的公共项目或大型商业项目共同起到推动建筑设计发展的作用。例如令世人瞩目的中央电视台新总部大楼，由世界顶级的事务所 OMA 的合伙人奥雷·舍人主持设计。他们在设计中央电视台新总部大楼时，决定要重新思考并建立建筑与城市之间的有机关系，他们从建筑空间构成上着手，希望创造一个独特的形态，使观者从不同角度看都能带来不同体验。而中央电视台新总部大楼的形态也印证了奥雷·舍人的设想。这栋大楼给北京带来了前所未有的

▲ 中央电视台新总部大楼

天际线，世界上其他城市也没有如此带给人强烈震撼的摩天大楼。中央电视台新总部大楼给业主和建筑行业创造了足够多的价值，给中央电视台带来了品牌价值的飞跃提升，而且为新时代摩天大楼的设计探索提供了新思路。

企业总部建筑作为企业形象展示的平台，不论是从功能构成、办公空间，还是在外部形象方面，都应该向社会呈现出自己的个性。从企业自身发展的角度来讲，个性化企业总部建筑，不但可以增加员工的企业归属感，而且能够吸引更多优秀人才。因此，个性化将会是总部建筑发展的一大趋势。

企业建筑的发展趋势

一、人本化的趋势

1. 企业建筑设计的开放性趋势

一方面，现代企业内部组织方式在不断转变，使得部门、小组之间的独立性不断地增加，但同时，部门与部门之间又迫切需要互相了解，增加内部交流，增强专业人员的整体意识。另一方面，企业为了更好地了解市场和展现自我，必须融入社会环境中，开放自己的领地，接纳外部参观者来获取社会公众的关注。因此，现代企业乐于建造足够的公共空间来容纳这些活动。Arup Associates 设计的英国皇家保险公司总部的内街便是体现内部交流的一个案例。整栋企业建筑通过一条内街将企业办公与体育娱乐辅助两大功能组织在一起。这条大街不仅成为企业内部的公共活动场所，同时也是企业迎接外部参观者的重要场所。这条大街与企业办公空间直接相连，来访者不仅能够感受到舒适的接待环境，还能够直观看到企业内部人员积极的工作状态。

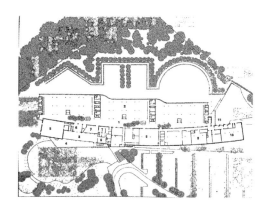

▲ 英国皇家保险公司总部功能图

2. 企业建筑设计的个性化趋势

个性是创造性的灵魂，而创造性则是艺术魅力的生命。作为企业形象象征的企业建筑更成为建筑师们展现其创作理念的最佳舞台。企业建筑的个性化可以通过企业建筑展现企业独特的品牌文化，通过代表企业文化的色彩、符号或者产品在企业建筑上的应用，来达到企业建筑独特性的体现。荷兰国际集团的总部大楼就非常完美地展现了总部建筑所需的个性化。建筑师创造出一个"飞船"的概念来展示荷兰国际集团的独特个性。首层 V 形结构的支撑，使得企业建筑主题脱离地面，如同一艘即将起航的巨型战舰，在周围平坦的城市环境之间更显得出类拔萃。建筑师 Roberto Meyer 和 Jeroen van Schooten 更是在实验性的前题下，将空中花园搬到总部大楼的屋顶天台。沿着顶层出口乘搭由玻璃架起的输送带，员工们便可以经由这条"天梯"通往总部大楼的最高点，这里面包括了高级餐厅、休息间、会议间及职员饭堂等。

企业有时也会通过另外一条途径来实现企业建筑的个性化。即通过邀请国际知名的建筑师来设计带有强烈的建筑师个性的企业建筑物，以达到强强联合和宣传的目的。例如深圳大梅沙万科中心，在其设计过程中，推翻了国内建筑师的中标方案，而是委托具有国际知名度的斯蒂芬·霍尔来为其新总部进行建筑设计。斯蒂芬·霍尔设计提出了一个新的设想：漂浮的水平线性空间，化解企业建筑形式和功能使用之间的直接关系，将带给地面层更多活力。事实证明，这栋"躺下的摩天楼"也确实为万科带来了不少赞誉。在建造结构上采用了斜拉锁大跨加混凝土结构，比传统的巨型钢支撑结构节约投资约 8000 万元；在生态节能方面，该企业建筑采用智能遮阳、光伏发电、中水利用等措施，获得了美国绿色建筑 LEED 白金奖，也是中国首个获得 LEED 白金认证的企业建筑。

▲ 深圳万科总部

3. 企业建筑设计的人性化趋势

人是社会的主体，也是企业的主体。企业的发展壮大在很大程度上取决于人。从生产到销售再到办公管理，人都是执行者。因此，以人为本是企业生存和发展的立本之源，人性化设计已成为现代企业建筑设计的发展趋势之一。

（1）以人为本的企业文化对企业建筑的渗透：以人为本的企业文化赋予了企业建筑更多的人性化的内涵，使得企业建筑不得不考虑以人为本。随着社会物质文明和精神文明的发展，人们越来越清楚地认识到生产、生活环境品质的重要性，相应地对与生活息息相关的企业建筑也有了新的要求。企业建筑的设计不仅应该摈弃以前的灰暗建筑形象，更应该注重自身环境的营造，考虑员工和市民的心理感受，创造出以人为本的空间环境，使员工身在其中有归属感与领域感。

（2）企业建筑形象的人性化表现形式：

①企业周边环境的自然化。企业周边环境的营造，既有功能的要求，又有建筑艺术的要求。比如为了防止公害、防止噪声，可以设置隔离带，遍植树木，堆砌土丘和坡地，在其上种植常青草皮，形成下沉式广场和对景，用绿化来增加景观环境上的变化，用环境设施来提高员工的感受及与自然环境的融合，用舒适的自然环境来提高员工工作的积极性和产品的精度等。例如由马丁·罗班主持的法国 AS 工作室设计的上海惠生生化园区就充分体现了企业人性化的追求和持续发展的战略眼光。建筑师遵循生态设计的原则，将自然环境有机地融合到生化园区，为企业创造了一个舒适宜人、生机盎然的生态环境。在这里，员工们的工作和生活完美地结合在一起，充分体现了工作即休闲的企业文化，树立了良好的企业形象。

▲ 上海惠生生化园区

再如我国长春一汽大众集团，其轿车二厂的入口处设置了一座长方形的水池，将厂前建筑及蓝天白云映射到池水中，大气且十分壮观。更为重要的是，在繁忙的汽车工厂前面，忽然见到了一池清水，会让人倍感亲切，拉近了建筑与自然的距离，也拉近了企业与人的距离。

▲ 一汽大众轿车二厂入口水池

▲ 一汽大众轿车二厂生活间

②企业生产环境的生活化。还是以我国长春一汽大众轿车二厂为例，来说明企业生产空间如何与环境结合。我们都知道，车间是众多工人集中进行生产活动的场所，是以工作为主、兼有生活休息等活动的"大家庭"，因此车间生活间应是一个温馨的家，以有利于生产，方便员工生活。长春一汽大众轿车二厂在设计中，将生活间尽量靠近生产线，沿着外墙布置在厂房内部。在总装和焊装车间的底层，结合门厅布置了展示厅，并且与二层设有连通的共享空间。在涂装车间，将门厅、展示厅、接待室、更衣室、淋浴室和有对外业务的办公室布置在底层生活间，其余的车间办公室、休息室和卫生间则各自分散布置在接近工作岗位的地方，并且尽量利用了车间内"无用"的空间，这样便缩短了车间工作人员往返生活间的距离。底层的展示厅和办公室等，采用大片通透的玻璃隔断进行分割，形成开放式的格局，使底层空间相互渗透，既扩大视野，又方便联系，

工人在这种工作环境中工作，能够有身在大自然之中的感觉，工作的压力和紧张感也得到了一定的缓解。

▲ 一汽大众轿车二厂内景

二、环境友好的趋势

低碳、生态、环保的浪潮正在席卷当下社会，企业建筑也出现了生态主义的设计趋势。如何节能、减排、不破坏周边环境成为企业建筑设计的重大挑战。建筑师们开始在地面、墙体、屋顶及材料等方面广泛运用各种生态策略。例如 Martin Webler 与 Garnet Geissler 设计的哥兹总部，就采用了多种不同生态策略，期望得到可持续发展的企业建筑。他们将建筑的外墙设计成双层玻璃幕墙，内置电动遮阳百叶板和送风扇，用来产生持续的空气循环与热交换。幕墙空腔与楼板空腔又相互连接，且与地下室相连通，能够持续地向整个空腔系统输送冬暖夏凉的空气。而蓄水水池与中庭以及可开启式屋顶则能够有效改善室内气候。

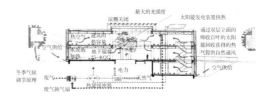

▲ 哥兹总部幕墙改善气候原理示意图

——第二章——

产品基本型的演化

企业建筑造型体现在几何学上是关于体的造型。企业建筑设计所借用的都是基本的几何体，具有显著的三维特性，基本的几何体经过组合、变换，能够产生多种多样复杂的建筑形式。基本形体均具有相应的性质、尺度、比例等属性，基于产品基本型的变异，便是保留其某些属性，而着手改变其他因素，从而产生新的形体。人们仍旧可以通过保留的属性来感知基本形体的存在。一般来说，建筑形变运用的构成手法有扭曲、倾斜、膨胀和收缩、增加和消减、分离等方式。

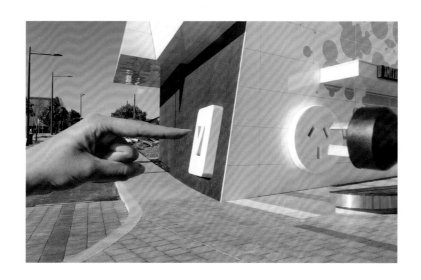

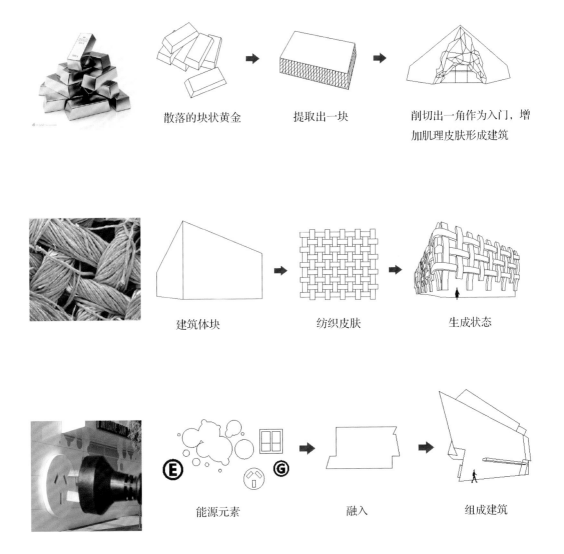

散落的块状黄金　　　　提取出一块　　　　削切出一角作为入门，增
　　　　　　　　　　　　　　　　　　　　加肌理皮肤形成建筑

建筑体块　　　　　　纺织皮肤　　　　　　生成状态

能源元素　　　　　　融入　　　　　　组成建筑

这是由 Liong Lie Architects 设计的荷兰黄金交易市场，位于荷兰贝佛维克。这是欧洲最大的室内黄金交易市场，服务于黄金交易商和金匠。建筑及周边环境以安全而"冲击"的保护方式进行设计。金色的三角形浮雕板不仅是功能性的，造型还有助于提升立面设计感，与黄金市场的特色相符合

"金条"演化成的黄金市场

项目设计：Liong Lie Architects
项目地点：荷兰，贝佛维克
面积：1 430 平方米
竣工时间：2015 年 2 月
摄影师：Hannah Anthonysz

　　黄金谁人不爱？何不将黄金贸易市场大楼铸成"大金块"！荷兰的贝佛维克市场这处提供黄金交易和零售的贸易场所，即采用立体挂屏的手法，将建筑通体布满有层次的金色金属面板，构成极具视觉冲击力的建筑立面，让客户看一眼就能知晓他们能够在市场内获得什么——金子！

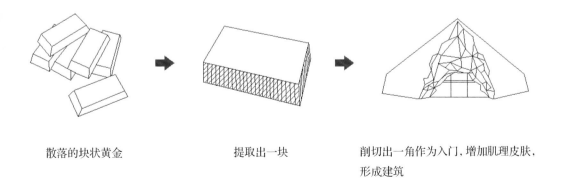

散落的块状黄金　　　　　　　提取出一块　　　　　　　削切出一角作为入门，增加肌理皮肤，
　　　　　　　　　　　　　　　　　　　　　　　　　　形成建筑

▲ 立面元素

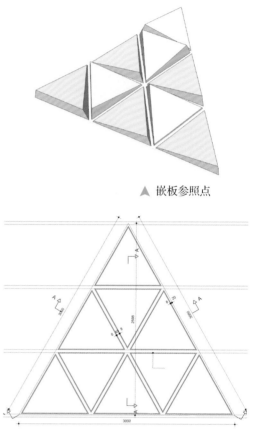

▲ 嵌板参照点

▲ 安装嵌板的原则

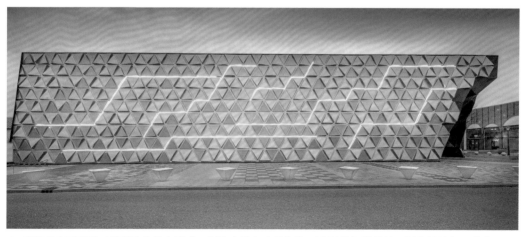

▲ 建筑外立面采用三角形作为基本元素，创造出犹如金块般绚丽夺目的视觉效果。折线状的灯光走势赋予建筑立面以动态

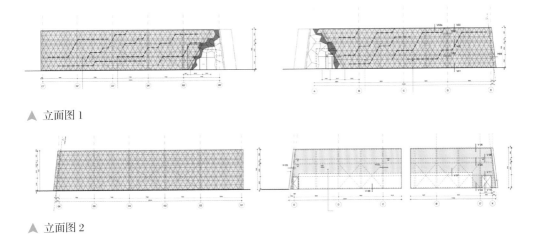

▲ 立面图 1

▲ 立面图 2

▶ 室内主色调采用低调的黑色，搭配明亮的灯光和流线型步道，营造幽雅神秘的氛围

▶ 琳琅满目的黄金饰品不仅作为售卖品，也成为装点室内空间的重要元素。与炫目的外观相反，内部全是低调的黑色，人们的目光直接被陈列的珠宝吸引。简洁是内部布局设计的核心：陈列柜的多面设计提供了宽广的展示面积和卓越的清晰度，珠宝的展示实际上也延伸到了大厅之中

纺织大厦位于土耳其布尔萨省，是该地一系列再发展规划设施
项目之一。建筑占地4500平方米，分为三层，底层是零售店，
二、三层为办公室，屋顶还设有一个餐厅。"纺织"元素赋予
建筑独特的风格，与土耳其深厚的纺织文化不谋而合

纺织面料演化成的纺织大厦

项目设计：BINAA、Smart-Architecture
项目地点：土耳其，布尔萨省
建筑师：Burak Pekoglu
面积：4 500 平方米
竣工时间：2014 年
摄影师：Thomas Mayer、Burak Pekoglu

　　纺织企业建大楼，何不"编织"出来？此建筑所在的布尔萨地区纺织文化根基深厚，是土耳其传统纺织业的发源地。作为纺织品零售商的业主，从纺织品汲取了灵感，将织物线条纵横交织的局部无限放大，布满整个建筑立面，经纬线的空隙刚好空出窗户。简单手法，塑造出一处功能与外观一致的地标建筑。

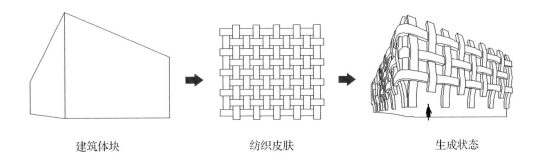

建筑体块　　　　　　　　　　　纺织皮肤　　　　　　　　　　　生成状态

◀ 经典的"多米诺"体系最大程度上解放了空间，为建筑立面造型、功能划分提供了更多的可能性

▲ 建筑白色编织的设计给人营造出一种柔软的编织视觉效果

▲ 建筑内部采用常规的框架结构，空间分割灵活

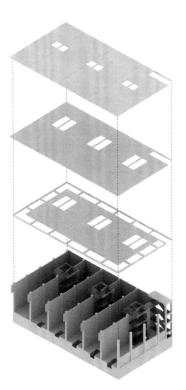

▲ 建筑模型效果图　　　　　　　　　▲ 建筑模型分解图

▲ 为强调设计的整体连贯性和可塑性，建筑材料采用了最为简洁的色调。采自于巴尔杜尔、在阿菲永加工处理的帕塔拉大理石构成了建筑蜿蜒的立面。建筑的基座使用了爱琴海地区的深红色大理石，内部区域则用非洲西部的红棕色绿柄桑妆点。沿着起伏的立面漫步，光与影的交错重叠会给你意想不到的视觉体验

▲ 将织物线条纵横交织的局部无限放大，布满整个建筑立面，经纬线的空隙刚好空出窗户。简单手法，塑造出一处功能与外观一致的地标建筑

▲ 肌理的内部框架结构

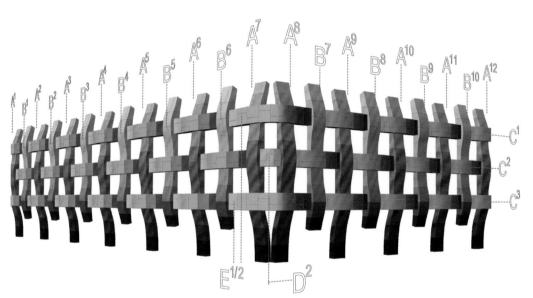

1组 //		3件有3种类型 ////		600 千克需要 21 小时
2组 //		16件有8种类型 ///		3200 千克需要 112 小时
10组 //		80件有8种类型 ///		16000 千克需要 560 小时
12组 //		106件有9种类型 //		21200 千克需要 742 小时
30组 //		150件有5种类型 //		30000 千克需要 900 小时

▲ 数字化肌理生成表皮

它作为一种新型热电联产装置，不仅可以提供电力以及热水能量，而且供能效率有很大程度的提高，是传统燃气发电厂效率的两倍。碳排放量也具有很大的优势，只有一个燃煤发电厂的一半。建筑物还通过利用热水使吸收式制机加速运转提供冷却来减少排放

丹迪能源中心

项目设计：Peter Hogg、
　　　　　Toby Reed Architects
项目名称：丹迪能源中心
项目地点：澳大利亚，丹迪区
基地面积：70 000 平方米
竣工时间：2012 年
摄影：John Gollings

　　这座位于丹德农火车站与城市街道购物中心的拐角处、造型别致的建筑，设计时运用冷静的黑、白进行色彩搭配。不规则点状物构成罗夏墨迹图，当人们路过这栋建筑时，醒目的罗夏墨迹图会成功地吸引他们进行罗夏式猜谜游戏，达到建筑与人互动的目的。建筑以钢结构与预制混凝土板为主体框架。巨大的电源插座与开关、电路图照明景观、后立面大型热电联产图，让人们对这座设计感十足的发电厂建筑印象深刻。

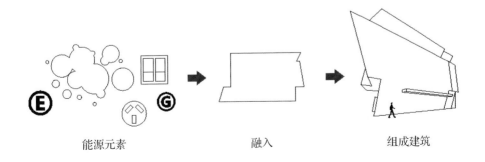

能源元素　　　　　　　　　融入　　　　　　　　　组成建筑

▲ 总平面图

◀ 丹迪能源中心希望通过外立面上的图案暗示这栋热电联产式发电厂建筑的内部功能。项目以一种有趣而非说教的方式探讨了环境问题。巨大的电源插座和开关、照明方案线路图和背立面上巨大的热电联产图形都是为了促进能源与环境的交流和讨论。建筑师竭尽全力赋予建筑雕塑般的形态（出于对内部功能的考虑），使周围的公共空间更具活力，同时内部机器严格满足环保要求

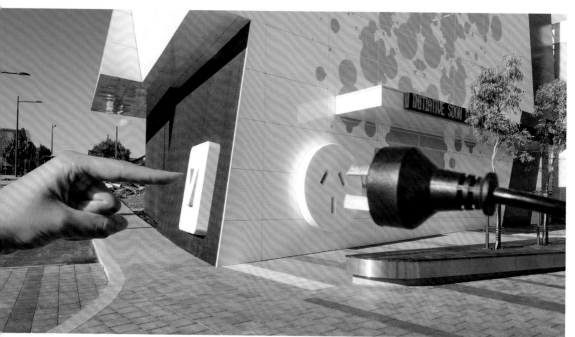

▲ "开关""插座"等元素的融入，凸显新奇、独特的建筑性格

▲ 纯白色建筑立面在点、线、面各类几何元素的映衬下未显单调

▲ 南立面图

——第三章——
企业商标的演绎

　　企业建筑的形最能够体现企业建筑的特征，是企业建筑形态的第一要素，它是经过抽象、简化的人们的内心感受。结构美学的外部表达以及新技术的运用，不仅给企业建筑提供了稳固的结构体系，同时也带来了建筑形象的更新。通过暴露建筑结构体系而形成极富个性的建筑形象，这种设计手法使得建筑结构和建筑形象相统一，建筑形象也更具有结构上的逻辑性，形成真实、直接的建筑形式美。

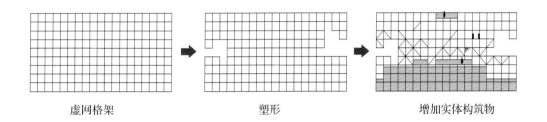

虚网格架　　　　　　　　　塑形　　　　　　　　　增加实体构筑物

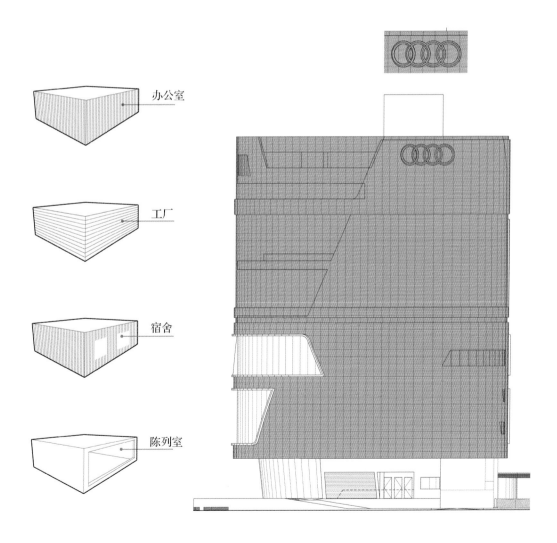

办公室

工厂

宿舍

陈列室

德国慕尼黑的实验空间是德国现代艺术陈列馆的临时展馆，在陈列馆整修期间（2013年2月到9月）对外开放。德国慕尼黑的实验空间主要由常用的建筑施工构件组成，几个月后，这些施工构件被拆除，并被回收利用，这个实验空间也将随之消失

实验的建筑，实验的空间
——德国慕尼黑的实验空间

项目设计：J. Mayer H. Architects
项目地点：德国，慕尼黑
面积：274 平方米
竣工时间：2013 年
摄影师：Dennis Bangert、J.
　　　　Mayer H.

　　Schaustelle 是由德国现代艺术陈列馆基金会提议建设的一座临时的展览平台，建筑师并不想把建筑建成一个毫无新意的、仅用外皮包裹的金属盒子，于是利用可回收的脚手架元素构成建筑，形成悬臂式网格结构。开放式的空间结构鼓励市民找寻适合自己的区域，有助于塑造建筑自身的个性。

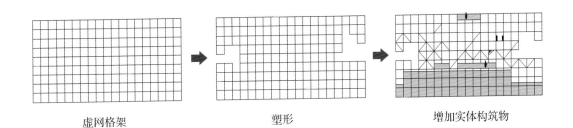

虚网格架　　　　　　　　塑形　　　　　　　　增加实体构筑物

▲ 建筑的设计理念为：在建筑底部营造一个封闭而灵活的空间，上部呈开放式构架，以便于临时改造、装配和举行其他活动。实验空间拥有犹如巴黎蓬皮杜中心般暴露的外结构，在规定的空间网格中塑造自身个性形态

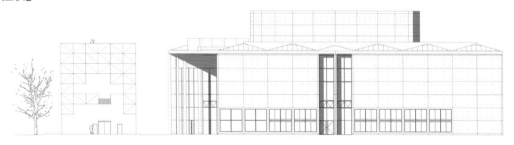

▲ 立面图 1

▲ 立面图 2

▲ 它由可回收的脚手架元素构成，呈悬臂式网格结构，划分为若干区域。脚手架结构及其多变的可用空间便于举办各类动态展，也有助于建筑自身个性的塑造。游人自由穿行其中，别有一番风味。脚手架结构优势在于便于安装拆卸，并拥有很强的可塑性。夜晚在灯光的映衬下弥漫强烈工业化气息

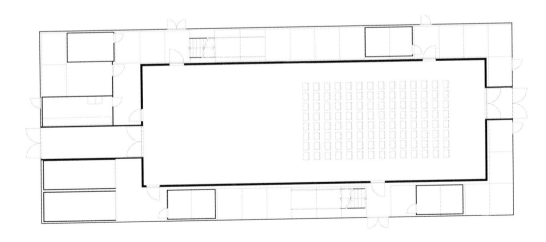

▲ 平面图

▲ 室内装饰风格简约多变，通过吊顶、家具、装饰等一系列元素凸显设计细节

▲ 脚手架结构同时也作为绿色植物的支撑点，为建筑增添生命力

▲ 建筑的设计理念还蕴含了市民积极参与的意义。作为临时展览的实验空间，为提高市民参与度，设计师结合上部结构增添富有趣味性的秋千，供参观者休闲使用

木业建筑集团总部办公大楼

项目设计：DP Architects
项目地点：新加坡，桑吉卡杜
面积：16 800 平方米
竣工时间：2014 年
摄影师：Courtesy of DP Architects

　　黄色象征着阳光和希望，这栋色彩鲜艳亮丽的建筑，洋溢着浓郁的热带风情，这样的温暖与惬意也正是室内装饰企业想带给顾客的心理感受。建筑如堆叠的木盒子一般的体块由一系列木质栏板互相连接构成，对应着各自的内部功能，同时也呼应了木业建筑集团的企业形象。

办公室

工厂

宿舍

陈列室

▲ 建筑表皮采取横纵两种不同木栏板元素，平实简约

▲ 横纵线条的对比丰富了建筑立面效果，在竖直与水平方向上取得平衡

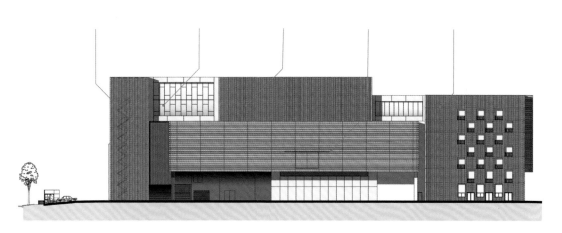

▲ 立面图

▲ 建筑形态由体块的拼接组合构成，几个混凝土盒子的加入打破了原有材质的单调

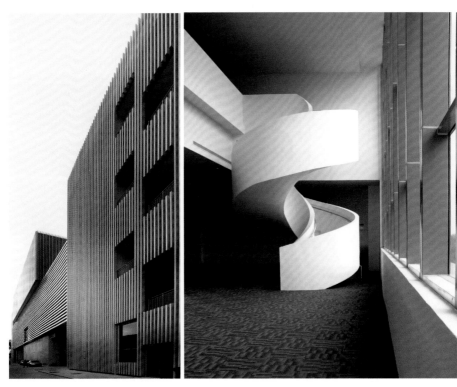

▲ 不规则内凹式窗的设计，丰富了建筑立面，也创造了与外界交流的空间　　▲ 纯白色旋转楼梯肃静、简约，成为沟通竖向空间的点睛之笔

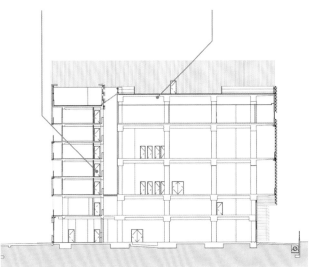

▲ 剖面图

▲ 木栏板作为良好的遮阳构件，受到众多设计师青睐

奥迪推出八层楼高的新加坡旗舰中心，这是首个高层形式的奥迪城市展厅，每层面积达 1350 平方米，这也是东南亚地区面积最大的奥迪展厅。这个一站式展厅在单一地点为参观者提供各种各样的服务，有展示厅、工作室、办公区，甚至还有咖啡厅和顾客等候大厅。大楼的地基与新加坡铁路的轨道护栏极近，在建造过程中，护栏一直被红外线监控着

奥迪中心

项目设计：ONG&ONG Pte Ltd
项目地点：新加坡
面 积：7 642 平方米
竣工时间：2012 年
摄影师：Aaron Pocock

　　奥迪是世界著名的汽车开发商和制造商，创立于 1898 年，其标志为四个圆环，寓意为四个汽车品牌联盟。这是一栋设立在新加坡的奥迪中心（Audi Center），除了一般展示中心具有的新车展示销售的区域之外，还包括品牌展示空间、咖啡吧和精品馆等功能区域，其意义不仅在于展示，更能够让真正的奥迪车迷们沉浸在奥迪的品牌文化和氛围中。

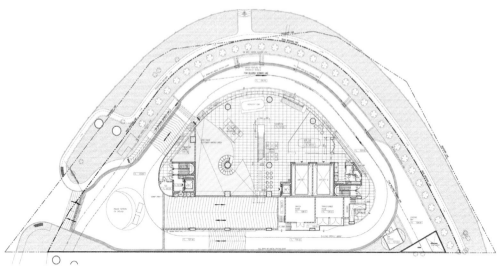

▲ 平面图

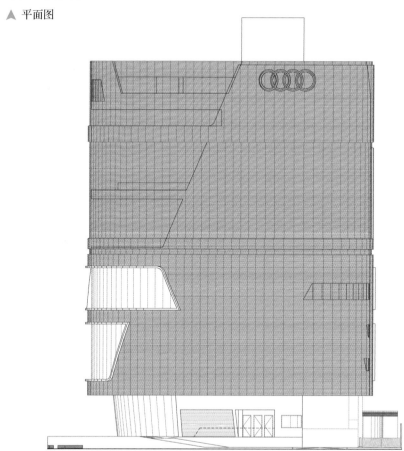

▲ 立面图

▲ 考虑到大楼地基十分接近新加坡铁路轨道，加
上空间十分有限，奥迪城市展厅的设计完全是创造
力的体现，在体现奥迪本色的情况下，成功地将其
建成为当地的标志性建筑

▶ 这样一来，虽然受空间限制只能将大楼外观设
计成普通的半圆形，奥迪的标志还是在曲面墙上非
常显眼。大楼的外立面由挖空的铝制六边形结构覆
盖，形成了蜂巢图案。一至二层的落地玻璃窗设计
给人一种大楼漂浮在地面之上的感觉

▲ 室内空间划分遵循外部的流线型走向，利用曲线划分出休闲、会客空间。一二层之间的通高空间是一个小型展示厅，作为室内空间的连通

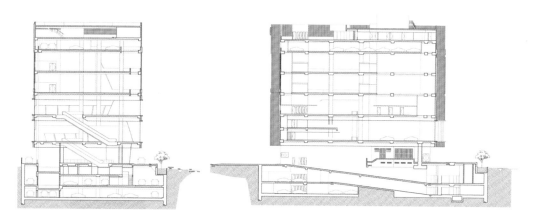

▲ 剖面图 1　　　　　　　　　　▲ 剖面图 2

多达 35 款奥迪最新车型在二层到四层的展厅展出。汽车的陈列位置按照"功率曲线"进行设计，看上去就像奔驰在赛道上一样。五层至七层是维修车间，车辆通过一个特别设计的电梯来运送。顶层则是办公区。地下的三层设有奥迪咖啡厅、Quattro 商店、顾客等候大厅、接待区和一个停车场。设计的理念是将国际化的奥迪展厅地方化，保证公司品牌特色的同时融入地方环境

汽车陈列按照"功率曲线"盘旋排布，极具动感和视觉冲击力

——第四章——
醒目的外立面肌理

人的视觉系统往往是鉴别建筑的首要体系，基于企业建筑特殊定位，个性化外立面造型直接决定了建筑的性格。而在影响立面造型的诸多因素中，肌理与层次是至关重要的一方面。例如相同材质的织理化渐变，不同材质的异同性对比，能够在商业、文化范畴赋予企业建筑不同内涵，从而突出企业自身闪光点。肌理层次的构成要素包括点、线、面，可通过构件的尺度变化和颜色质感来塑造层次，通过材质的阴影和本身的变化来塑造肌理，依次形成丰富的建筑表情，装点城市容貌。

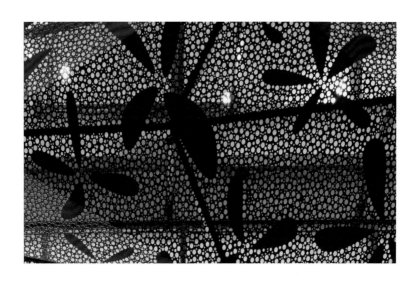

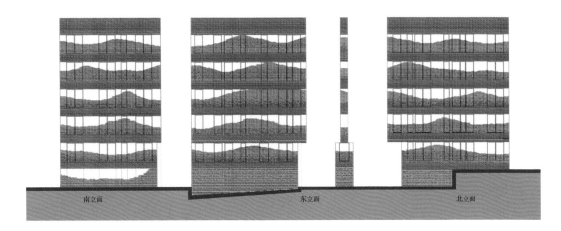

南立面   东立面   北立面

▲ 立面图

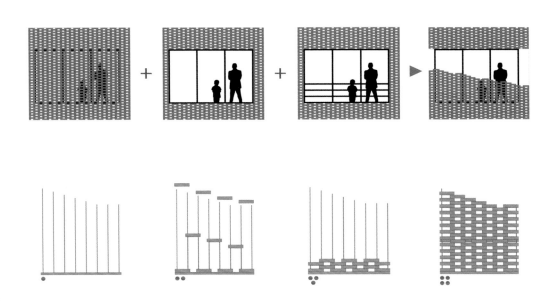

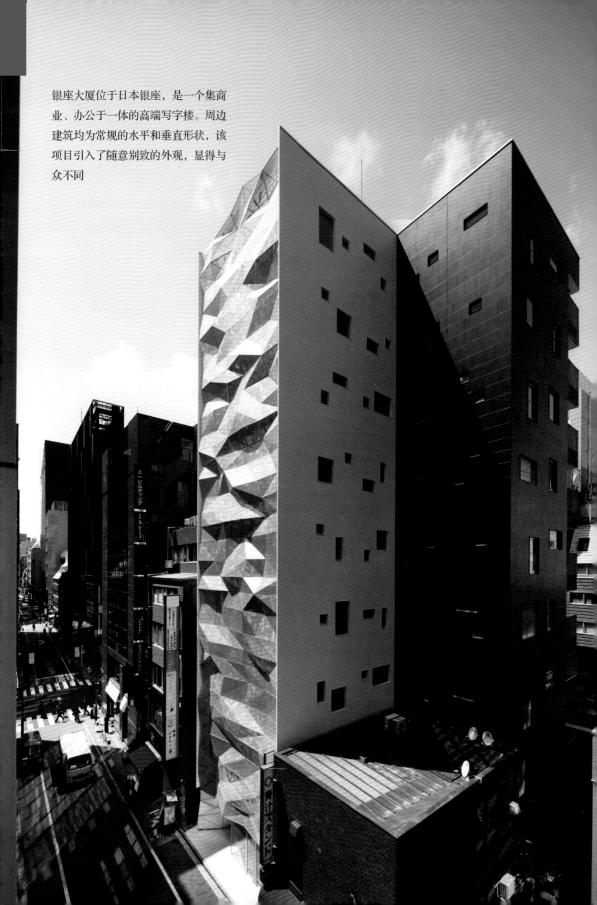

银座大厦位于日本银座，是一个集商业、办公于一体的高端写字楼。周边建筑均为常规的水平和垂直形状，该项目引入了随意别致的外观，显得与众不同

"亲爱的"银座大厦

项目设计：Kim In-cheurl+Archium
项目地点：日本，东京
面积：155.55 平方米
竣工时间：2013 年 3 月
摄影师：Nacasa、Partners Inc.

一幢穿着透明花朵"外衣"的建筑，拥有一种恰如其分的奇特感和独特的吸引力。该项目的业主是一家开发公司，设计师希望营造一种"轻微的奇异感"，以便将路人吸引到建筑当中。建筑用玻璃幕墙和带图案的打孔铝面板构成的双层表皮结构。这样的设计使立面成了建筑内饰的一部分，同时也省却了百叶窗或窗户。抽象的花朵图案平衡了立面的整体效果，避免了过度的棱角感。

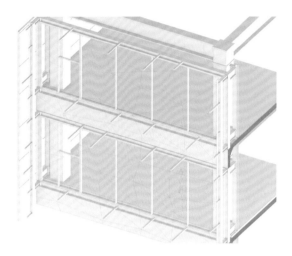

▲ 模型效果图

▶ 建筑立面

建筑的不规则立面由计算机测算确定，呈现出卓越的材质效果。其上的抽象花朵图案也平衡了立面的整体效果，柔化了强势的棱角感

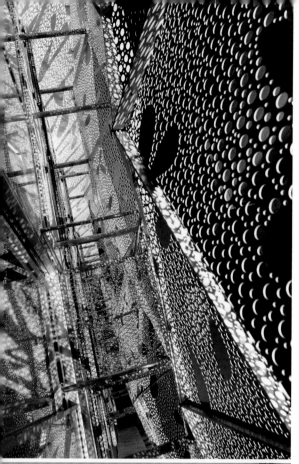

◀ 由于内部视觉美观有限，建筑采用玻璃幕墙和带图案的打孔铝面板构成的双层表皮结构。安装在双层表皮中的彩色的 LED 天幕灯会根据季节的不同而呈现不同的效果，极具吸引力。为了避免视觉上的笨重感，建筑必须采用极其轻便的结构。为此，设计师在细节上也颇费心思

◀ 以三角形铝板作为基本型的外立面造型，搭配圆孔花瓣造型，赋予丰富建筑表情。丰富的肌理变化极具视觉冲击力。材质肌理搭配光线制造出迷离梦幻空间体验

▲ 黑白墙面的强烈对比在大小相似的格窗间达到平衡，营造了一种神秘氛围

"40 结之宅"位于伊朗，由 Habibeh
Madjdabadi 和 Alireza Mashhadimirza
建筑事务所联手设计。它把地毯和砖
块这两种与伊朗密切相关的元素融入
现代建筑的外立面，看起来就像是错
综交织的模块综合体

40 结之宅

项目设计：Habibeh Madjdabadi、
　　　　　Alireza Mashhadimirza
项目地点：伊朗，德黑兰
建筑师：Burak Pekoglu
面积：1 313 平方米
竣工时间：2014 年
摄影师：Habibeh Madjdabadi、
　　　　　Alireza Mashhadimirza

　　伊朗的波斯地毯在世界上享有盛誉，砖的运用也常常出神入化。将地毯和砖的元素融入现代建筑的外立面中，让建筑看起来就像是错综交织在一起的模块综合体，传统又富有文化底蕴。

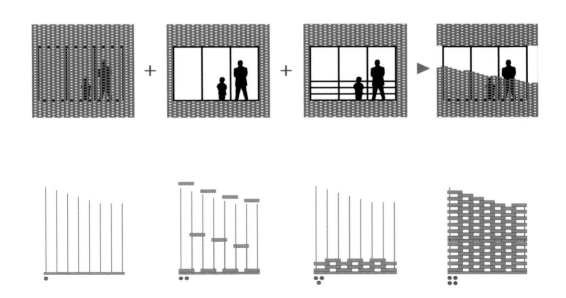

▲ 设计师们想要设计一个风格统一的建筑，因而他们刻意避免了单独设计不同的建筑构件。建筑的美感遵循了一系列松散的原则，镂空砖砌体的内外两侧都是暴露可见的。从外面看，它们形成了统一的纹理；从室内看，它们又像是嵌入建筑中的窗户围栏。而且，建筑在很多地方都采用了标准的立方体几何造型，如外表皮的突起部分、栅栏上嵌入的种植盒和内部的架子等

▲ 外立面的砌筑采用点、线、面相融合的形式，精致且灵动，赋予建筑立面生命

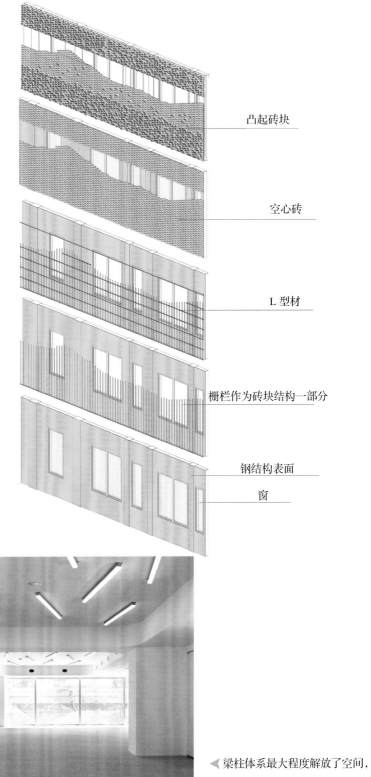

凸起砖块

空心砖

L 型材

栅栏作为砖块结构一部分

钢结构表面

窗

◀梁柱体系最大程度解放了空间，
赋予空间更多的可能性

深红色砖搭配新鲜绿植，凸显设计者追寻轻松、悠闲的居住体验

▲ 室内空间的分割采用与"砖"元素相匹配的混凝土样式，室内空间在室外得到很好的延伸，室内外浑然一体

项目位于法国兰斯市，旨在将原建筑打造成一座现代化的
历史研究中心和信息中心，并将线形的档案储藏空间长度
从 7 千米扩展至 18 千米

马恩部门档案馆的扩建

项目设计：Hamonic + Masson、
Associés Architects

项目地点：法国，兰斯

面积：5 154 平方米

竣工时间：2014 年

摄影师：Sergio Grazia

　　它是马恩部门档案馆附属建筑，扩建工程建在旧楼对面。作为一个档案守护者，什么样的建筑更适合它？马恩部门档案馆无论是在形态上还是在材质上，都摆脱了传统的办公楼的建筑形象，利用建筑的工业元素的丰富性、纹理和多变性，创建了一个全新的档案馆形象。

▲ 首层平面图

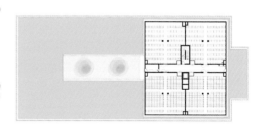

▲ 二层平面图

▲ 建筑建于一个平缓的坡地上，不会破坏周边环境。在环境背景映衬下，建筑犹如一条直线。游客可以沿一条缓慢抬升的小径走到建筑的入口，进门是接待区，接待区扮演着通向内部庭院的过渡区的角色。通过透明的天井可以看到入口处，整座建筑的功能区组布局一目了然

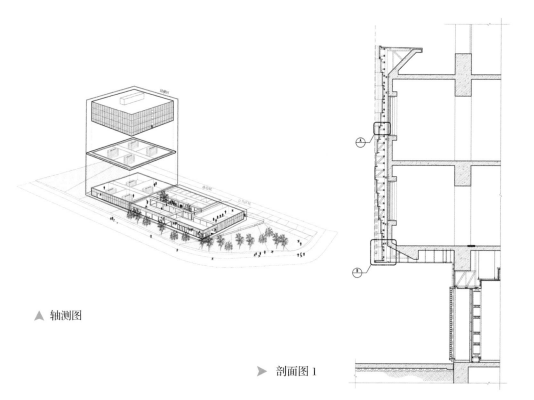

▲ 轴测图

▶ 剖面图 1

▲ 混凝土与钢结构的碰撞赋予建筑沉稳、神秘的建筑性格，而表皮处理中多孔板的排列组合在沉稳中增添了一丝活力，仿佛等待你去探寻建筑内部更为惊人的奥秘。建筑能柔和地融于场地环境，庄严而肃穆，精细化表皮处理功不可没

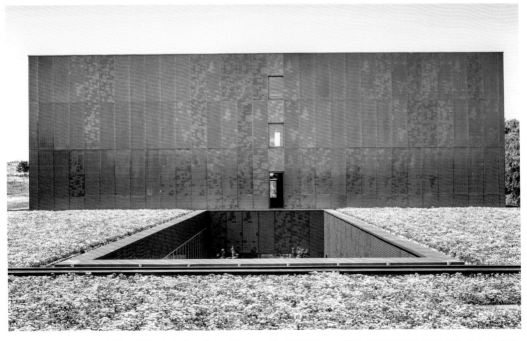

▲ 建筑分为四层，功能流线简洁明了，外立面设计与平面相互统一，选取相同材质的肌理变化来凸显建筑性格，繁中有简，简中有繁，一气呵成

◀ 为了保持色调的一致
性，设计师使用了褐色涂
漆的混凝土，这些原生态材
料（玻璃、金属、混凝土等）
丰富、多变，并相互产生共鸣，
使建筑保持良好的连贯和整
体性。Hamonic + Masson 和
Associés Architects 建筑事务
所曾凭此项目的设计方案
在 2008 年一项建筑设计竞
赛中一举夺魁

◀ 面向庭院空间的竖向
落地窗使景观得到更好的
延伸

◀ 室内空间明亮、简约的
风格与外立面的淳朴、沉
静相辅相成

▲ 玻璃门设计采光效果十分好，金属色墙面设计和白墙呼应，显得室内干净明亮

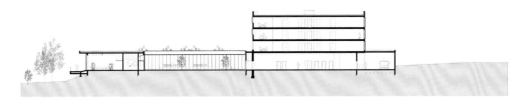

▲ 剖面图 2

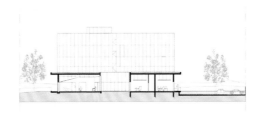

▲ 剖面图 3

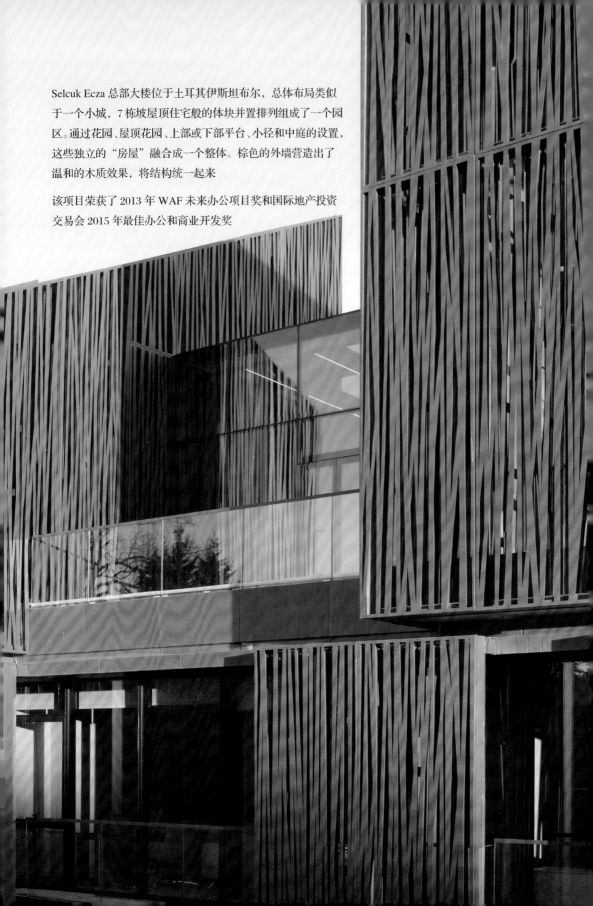

Selcuk Ecza 总部大楼位于土耳其伊斯坦布尔，总体布局类似于一个小城，7 栋坡屋顶住宅般的体块并置排列组成了一个园区。通过花园、屋顶花园、上部或下部平台、小径和中庭的设置，这些独立的"房屋"融合成一个整体。棕色的外墙营造出了温和的木质效果，将结构统一起来

该项目荣获了 2013 年 WAF 未来办公项目奖和国际地产投资交易会 2015 年最佳办公和商业开发奖

Selcuk Ecza 制药公司总部大楼

项目设计：Tabanlıoğlu Architects
　　　　　Melkan Gürsel、Murat
　　　　　Tabanlıoğlu
项目地点：土耳其
面积：22 900 平方米
竣工时间：2013 年
摄影师：Thomas Mayer

如何营造家一样的办公室？该制药公司的所有人是一对老夫妻，他们希望在办公室中能够有家的感觉。因此，空间尺度、组织和美感等方面都参考居住建筑的设置，也就是伊斯坦布尔传统的滨水豪宅。想必在这栋建筑里面工作的员工，也会感受到家人般的温馨与和谐。

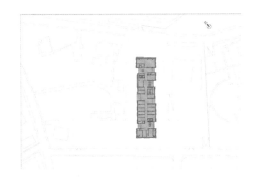
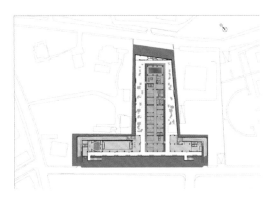

▲ 平面图

▲ 木质格栅表皮处理基于建筑原生态之感，营造了一种轻松、自然的办公氛围。同时，木材温暖、淳朴的特点也由建筑传达给使用者。建筑以一种亲和、谦逊的姿态坐落于环境之中，凸显总部大楼卓越的企业精神定位

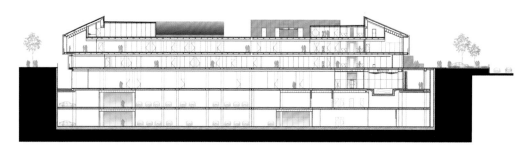

▲ 剖面图 1

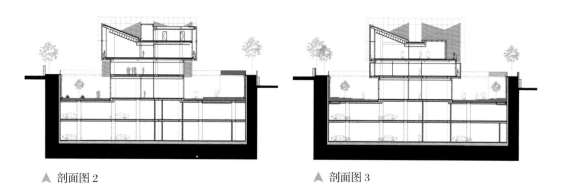

▲ 剖面图 2   ▲ 剖面图 3

◀ 建筑分五个楼层，其中三层用作办公空间，地下两层留作停车场。停车场上方、地下一层和下沉式的花园处于同一平面。办公室、多功能厅、员工餐厅、运动和休闲区都能轻松直达绿色景观区。除了宽大的窗户，阳光还能通过中庭照进地下层。建筑主入口位于一层，使用者需通过一座桥进入建筑，侧桥与屋顶平台相连。位于一层的中庭和内部花园在办公区中创造了社交空间。二层（顶层）是经理及其合伙人的行政办公室，包含了优雅的餐厅、活动室和贵宾休息室；合伙人的"私人世界"在顶层两端之间的连接处

▲ 木质格栅栏板交替穿插排列，结合室内外光线，使身处其中的人群拥有不同的心理体验

▲ 从庭院望向天空，木材、钢材、玻璃三种材质相互交织，赋予空间多种可能性

——第五章——
古今时空强对比

　　传统建筑符合人们平易、中和、深沉、含蓄的审美习惯，体现了人们在美学上的追求。传统建筑重视群体组合，构图严谨对称，结构美和装饰美在机智和巧妙的结构组合中得以显露。传统材料包括砖瓦、木石、琉璃等，传统装饰则是对它们有机结构的进一步加工，以凸显它们细腻的质地肌理。企业建筑与传统建筑的碰撞，可以激发现代建筑对于传统文化的继承，重点不在于简单的形式模仿，而在于古今建筑形式的转化和材料的对比，以此彰显现代建筑的性格特点。孕育在传统氛围中的企业文化可以在岁月的交替中源远流长。

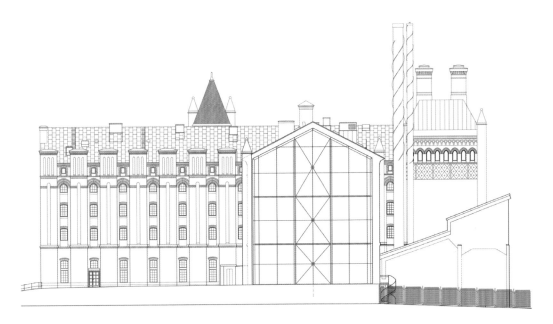

▲ Octapharmas 公司总部大楼立面图

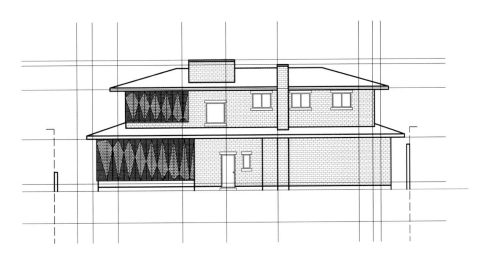

▲ P91 模型效果图

Casa 几何工作室的设计目标是将一个独栋家庭住宅改造为用现代材料覆盖、能诠释复杂情感的新型办公空间

工作室保留了原有建筑的坡屋顶，表皮用现代材料覆盖，并最大化利用地下空间作为停车和公共活动之用

Casa 几何工作室

项目设计：Jeonghoon LEE
项目地点：韩国，首尔
面积：179.8 平方米
竣工时间：2014 年 6 月
摄影师：Sun Namgoong

　　什么样的建筑样式和材料才能赋予这座几十年的老式砖房以现代气质呢？设计师使用 Giwa（一种韩国屋面瓦）铺面的屋顶并采用了一种几何序列，87 块黑色不锈钢四面体块构成了建筑的基本单位，包覆着原有的砌石墙面。530 块三角形和菱形不锈钢板构成黑色不锈钢管块的表皮，将这座独栋家庭住宅建筑进行改造，使之成为用现代材料覆盖并能诠释复杂情感的新型办公空间。

▲ 立面图 1

▲ 立面图 2

▲ LED 灯嵌于上方的百叶窗，便于停车，也为夜间活动创造了照明条件。水平铺展的新大理石外墙与原有的停车空间相连，最大程度地扩展了地下空间，以满足将其用作画廊等各种功能需求。在不改变建筑容积率的前提下，地下空间得到了最充分的利用，也为未来的扩建预留了空间

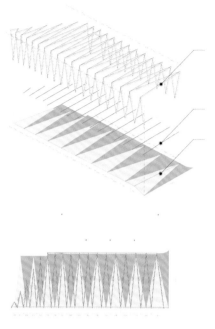

▲ 为了构筑这个停车空间，设计师用一种特制的钢质杠杆进行了角度调整，在上方交错成百叶窗状，与底部的石材相交成独特的图案

▲ 结构图

▲ 建筑外围几何图形钢板的设计迎合工作室追求创新、独特的设计理念，双层墙体也激发空间更多的可能性

▲ 特质钢构件围合成的地下库，最大化利用原建筑地下空间

▲ 建筑师选择地下空间作为项目的主场地，因为这里不用考虑容积率的限制。这个精心设计的空间不仅是停车场，而且可以当作与地下室相连的户外空间进行各种形式的利用。地下室入口长廊的栏架与其阴影形成丰富的图底关系，也增加了场所空间强烈的仪式感。钢制桁架在阳光下投射出斑驳影像，虚实难辨，显现空间变化的戏剧性

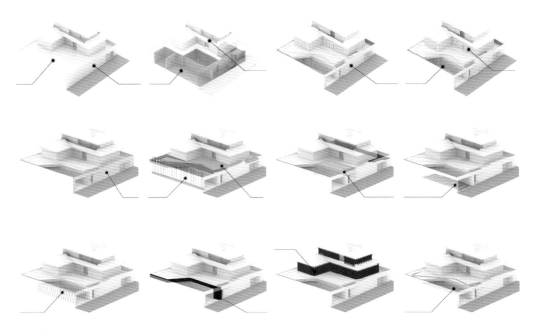

▲ 模型效果图

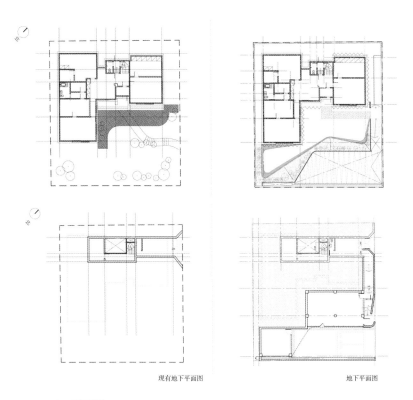

现有地下平面图 地下平面图

▲ 平面图

Octapharmas 公司总部大楼位于瑞典斯德哥尔摩，是一个由古老啤酒厂改建而成的办公总部。设计师 Joliark 与该领域专家、斯德哥尔摩的规划局设计机关以及城市博物馆合作，对立面每一块砖进行评估，对立面进行了彻底改造，以实现其新的功能

Octapharmas 公司总部大楼

项目设计：Joliark
项目地点：瑞典，斯德哥尔摩
面积：7 400 平方米
竣工时间：2015 年
摄影师：Courtesy of Torjus
　　　　 Dahl Joliark

　　改造建筑从来都需要精密的测算和细致的施工，尤其是这种被列为保护建筑的文化遗产。Octapharmas 公司收购了一个原来的啤酒厂及其周边设施。建筑师在对立面的每一块砖都进行了评估后，对立面进行了无比精密的彻底改造。整个施工过程中，项目随着对原建筑文化和知识的诠释而变得越来越有适应性和发展性。随着对原啤酒厂建筑的改造和公司的入驻，老建筑再一次重新获得了新的魅力。

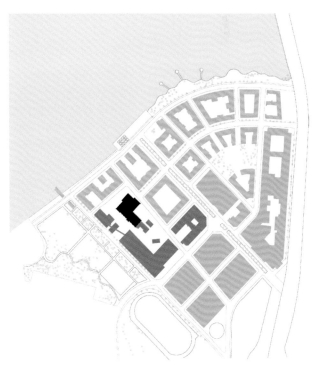

▲ 总平面图

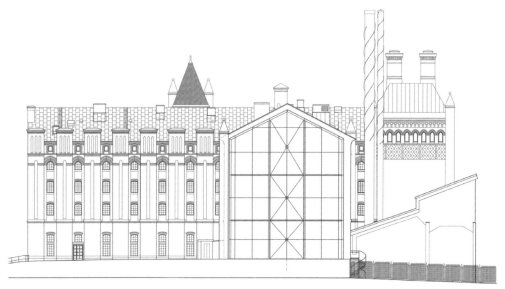

▲ 立面图

◀ 建筑北立面大
面积使用玻璃，给
人一种通透感，可
以清楚观赏到内部
结构

▲　原建筑是以木材为主的混合结构，不适合生产药物。因此，Octapharmas 公司决定将建筑改造为行政办公场所，作为公司的北欧总部。除办公室之外，改造后的建筑还涵盖了会议室、更衣室、储藏室和大型餐厅等功能区。木质桁架打破了室内白色墙面的单调，结合柔和灯光，营造原生态的用餐氛围

▲ 玻璃隔墙延伸了走廊空间

▲ 分隔出的会议室使用的金属材质，与白色墙面形成对此

▲ 整面玻璃墙在室内有极好的采光效果，为建筑整体增添了不少特色

▲ 从宽阔明亮的办公空间可以观赏到斯德哥尔摩城市容貌

▲ 精致的内部结构，混凝土拱形长廊凸显出中世纪古堡的神秘之感

▲ 内凹的墙面作为展示架，最大限度节省空间

—— 第六章 ——
能量体块与空间序列

　　体块的穿插、咬合是建筑造型中最常用的造型手法。从体块入手的建筑设计，核心逻辑是世界是有序的、有原型的。人可以通过基本的几何形体来规整我们的空间，进而规划人的行为准则。好的体块关系首先是从周边环境中应运而生的，然后在内部形成独特的逻辑关系，最终完成细微的外部形体变化，是一个由外到内再到外的转变。企业建筑形象表达往往通过建筑外部造型和内部装饰得以展现，形体的推敲演变则成为一个展示企业形象最直观的方式。

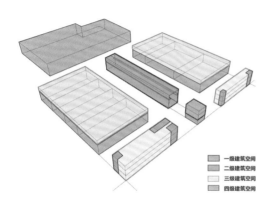

　一级建筑空间
　二级建筑空间
　三级建筑空间
　四级建筑空间

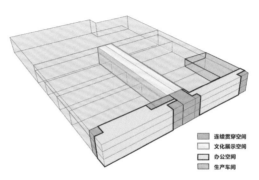

　连续贯穿空间
　文化展示空间
　办公空间
　生产车间

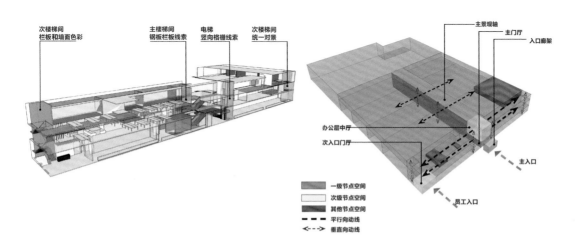

次楼梯间
栏板和墙面色彩

主楼梯间
钢板栏板线索

电梯
竖向格栅线索

次楼梯间
统一对景

主景观轴
主门厅
入口廊架

办公层中厅
次入口门厅

主入口

员工入口

　一级节点空间
　次级节点空间
　其他节点空间
--- 平行向动线
<--> 垂直向动线

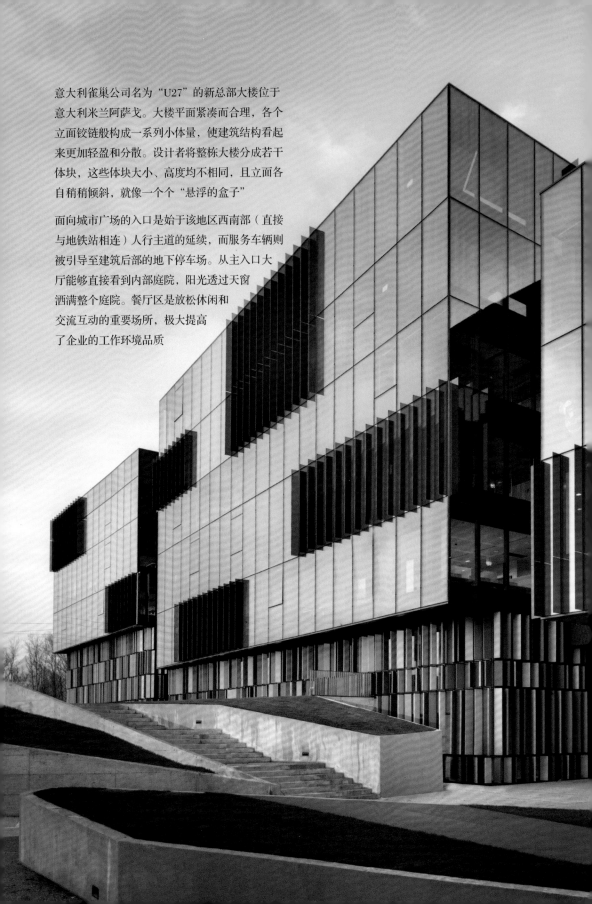

意大利雀巢公司名为"U27"的新总部大楼位于
意大利米兰阿萨戈。大楼平面紧凑而合理，各个
立面铰链般构成一系列小体量，使建筑结构看起
来更加轻盈和分散。设计者将整栋大楼分成若干
体块，这些体块大小、高度均不相同，且立面各
自稍稍倾斜，就像一个个"悬浮的盒子"

面向城市广场的入口是始于该地区西南部（直接
与地铁站相连）人行主道的延续，而服务车辆则
被引导至建筑后部的地下停车场。从主入口大
厅能够直接看到内部庭院，阳光透过天窗
洒满整个庭院。餐厅区是放松休闲和
交流互动的重要场所，极大提高
了企业的工作环境品质

雀巢总部大楼

项目设计：Park Associati
项目地点：意大利，米兰
面积：34 092 平方米
竣工时间：2014 年
摄影师：Andrea Martiradonna、
　　　　Simone Simone

　　意大利雀巢公司的总部总是"语出惊人"，名为"U27"的新总部大楼也不例外，自竣工之日便吸引着人们的眼球：表皮上悬垂的彩色玻璃面板发表了独特的建筑宣言，与天空融于一色，进一步增强了整体效果，又不影响整体的透明度。大楼平面紧凑而合理，各个立面铰链般构成一系列小体量，使建筑结构看起来更加轻盈和分散。设计者将整栋大楼分成若干体块，这些体块大小、高度均不相同，且立面各自稍稍倾斜，就像一个个"悬浮的盒子"。

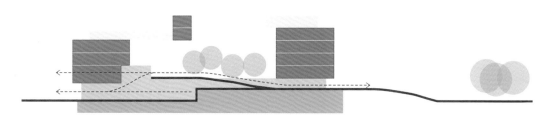

▲ 剖面图

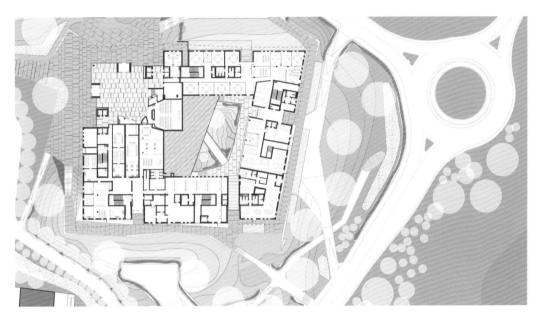

▲ 平面图

▲ 大楼大面积的玻璃外表面映射出周边环境。不同的角度呈现不同的景象，有时，它们是自然光线的过滤镜，有时，它们紧凑的布局和反射性又使得周围的自然景色呈现其中。从特定角度看，表皮上悬垂的彩色玻璃面板进一步增强了整体效果，却又不影响整体的透明度

▲ 大楼平面紧凑而合理，各个立面铰链般构成一系列小体量，使建筑结构看起来更加轻盈和分散。设计者将整栋大楼分成若干体块，这些体块大小、高度均不相同，且立面各自稍稍倾斜，就像一个个"悬浮的盒子"。大楼凭借其独特的表面与周边环境建立了关联

▲ 体块围合而成的庭院使部分穿插体量得到延伸，也成为公司绝佳的休闲场所

▲ 大面积玻璃幕墙由相同的单元窗格构成，投射出繁忙的工作场景

▲ 半弧形的自助餐饮区，通透明亮，引领节约、现代的就餐氛围

▲ 室内色彩搭配以白、蓝的冷色调为主，营造快捷、清爽之感

大连北方互感器集团
厂区中压车间办公楼

项目设计：大连北方互感器集团
项目地点：中国，大连市
建筑面积：5 400 平方米
竣工时间：2016 年
摄影师：王丹、吴晓东、徐丹

这是一个富有现代感、科技感的国际化厂区。办公空间入口门厅区作为对外展示区，连接各个功能空间，是最重要的建筑空间；特色文化长廊连接主要厂房区域，展示企业文化形象，是第二重要空间；办公区和厂房作业流水线相对独立，是第三、第四重要区域。设计适当打破过长的带状空间，加入停顿节点，创造节奏感；将空间内各节点有序贯穿，彼此呼应，强调线索感。楼梯间的栏板弯折上升，实现垂直向空间线索的延续性。

▲ 办公区和厂房作业流水线相对独立，特色文化长廊连接主要厂房区域，展示企业文化形象

建筑功能分析

1. 楼梯间、走廊、卫生间等贯穿空间联系各个空间，形成文化导视线索；
2. 文化长廊贯通整个生产线空间，充分展示公司形象；
3. 办公空间有着自己的运作模式，同时，通过玻璃隔断与生产车间联系；
4. 生产车间之间相对独立又相互联系，通过文化展示空间和厂房线路联系。

  连续贯穿空间
  文化展示空间
  办公空间
  生产车间

建筑体量分析

1. 入口门厅区作为对外展示区，连接各个功能空间，是最重要的建筑空间；
2. 特色文化长廊连接主要厂房区域，展示企业文化形象，是第二重要空间；
3. 办公区和厂房作业流水线相对独立，是第三第四重要区域。

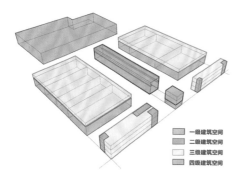

  一级建筑空间
  二级建筑空间
  三级建筑空间
  四级建筑空间

▲ 建筑体量分析

▲ 富有现代感、科技感的国际化厂区办公空间

▲ 在融合公司文化和理念的景观长廊上，设计出了品酒、娱乐、观赏、休闲等功能区，成功地打造出有特色的商业形象文化街

▲ 楼梯间、走廊、卫生间等联系各个空间，形成文化导视线索，文化长廊贯通整个生产线空间，充分展示公司形象

▲ 办公空间有着自己的运作模式，同时，通过玻璃隔断与生产车间联系

▲ 内部空间竖向分析

楼梯间的栏板转折上升，实现垂直向空间线索的**延续性**。

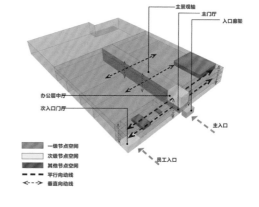

▲ 节点空间序列

适当打破过长的带状节点，加入停顿节点，创造 **节奏感**；
将空间内各节点有序贯穿，彼此呼应，强调 **线索感**。

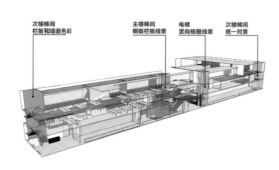

▲ 内部空间序列 1

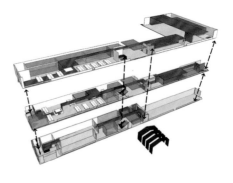

▲ 内部空间序列 2

▲ 突出主入口体现形象感、仪式感，突出主轴线侧视角度，强调主入口

▲ 外部空间有序植入绿化，在工业感中注入生态元素，营造亲切环境

——第七章——
生态建构

　　生态节能作为当今建筑界的热门议题，也成为环境友好型企业建筑的完美体现。应根据当地的自然生态环境，运用生态学、建筑技术和现代科学技术手段等，组织协调建筑与其他因素的关系，使建筑与环境有机结合成为一个自然的发生器，以满足当代居住者的需要，使人、建筑与自然生态环境之间形成一个良性循环系统。常见生态节能手法包括材料合理选择、减少屋顶传热、建筑围护结构合理设计、自然采光通风技术、可再生能源的利用等。选择适合的生态建构有助于塑造良好的企业形象，同时也将这种可持续的建构文化传承下去。

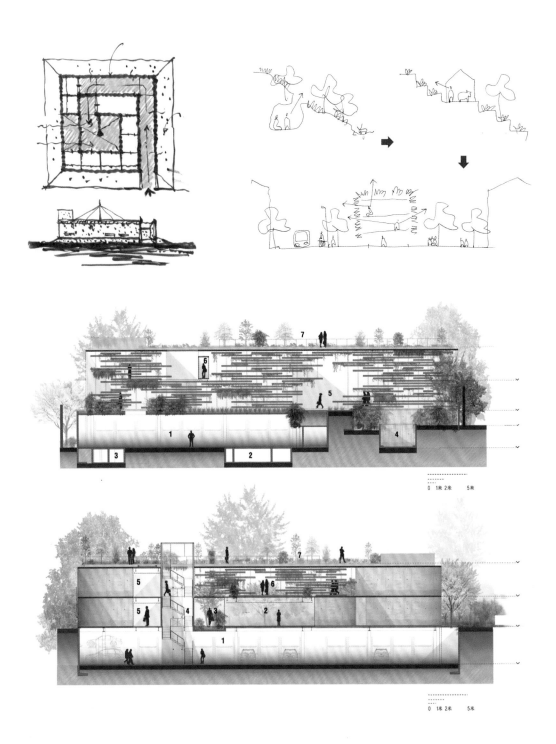

Himalesque 广播站

项目设计：Kim In-cheurl+Archium
项目地点：尼泊尔，姆索姆尼镇
建筑师：Jo Joonyoung
面积：747 平方米
竣工时间：2013 年 7 月
摄影师：Jun Myungjin

　　Himalesque 广播站坐落于尼泊尔高原，背后即是无垠的大自然，建筑与周围景观融为一体，采用当地石材作为建筑材料。简洁的设计、材料的利用以及精确的细节处理，使整个建筑设计一气呵成，建筑本身也充满浓浓的原生态气息。

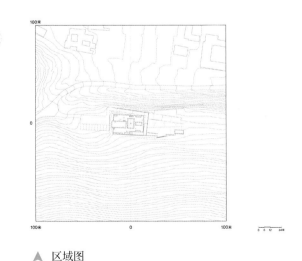

▲ 区域图

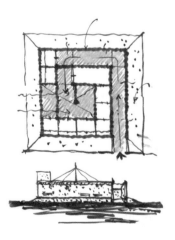

▲ 手稿构思

▲ 建筑与周围的环境很好地契合，仿佛与山脉丛林融为一体，夜幕降临，光线交织之间又点亮整个空间

▲ 高低错落的窗洞营造出无序的美感

▲ 通往顶层的石质台基

▲ 观演空间采取最简洁、原生的处理方式，材质的对比、纹理的层次却凸显了建筑师细腻的处理手法

▲ 原生石材让建筑物十分融洽地和周边自然环境融为一体

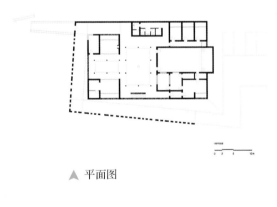

▲ 平面图

◀ 温暖的阳光结合原生的石材，给予廊道空间深邃感和质朴感

▲ 建筑内部空间别有洞天，墙柱的灵活分隔创造了生动的共享空间

▲ 半封闭式的庭院处理允许天光进入，营造出供人沉思、冥想的静谧空间

SRDP–IWMC 办公楼位于越南河静省城市中心。建筑的设计基于"定耕"和"定居"两大综合理念，致力于实现三个目标：标志性外观、低成本和快速施工。项目旨在扩大蔬菜在城市环境中的种植，满足未来的能源需求。这种农业与建筑的结合模式是可持续发展的基础

SRDP-IWMC 办公楼

项目设计：H&P Architects
项目地点：越南
建筑师：Doan Thanh Ha、Tran
　　　　Ngoc Phuong
面积：1 307 平方米
竣工时间：2014 年
摄影师：Courtesy of DP
　　　　Architects

　　农业与建筑的结合模式是可持续发展的基础。SRDP-IWMC 办公楼秉承这项原则，建筑的上面两个楼层的表皮是格架结构，绿植和农作物种植于其间，被称为"竖直的田野"，展现出建筑的勃勃生机，同时寓意要扩大蔬菜在城市环境中的种植。

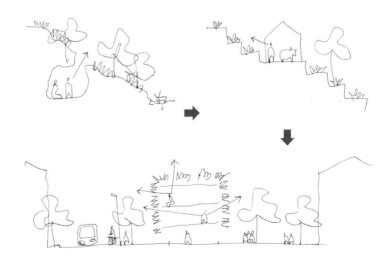

▲ 方案构思

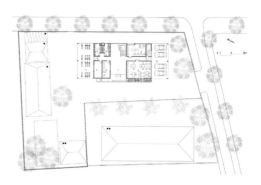

▲ 首层平面图

▲ 建筑表皮采取一种均质方格肌理，营造秩序感的同时，也赋予建筑韵律感。巨型框架悬挂于建筑主体外部，中间空隙形成丰富的光影变化

▼ 这座三层的建筑体呈东西走向。上面两个楼层的表皮是格架结构，分别种植绿植和农作物，被称为"竖直的田野"。大楼由 400 毫米 × 400 毫米的混凝土砖纵向砌成，包覆着建筑内部的工作空间。灌溉系统集成在砖块的连接处，最大限度地避免了噪声、空气污染以及高温和台风等因素对建筑的不利影响。同时，这种农业友好的工作环境为自行种植蔬菜的使用者创造了不同的生活情趣

▲ 建筑在灯光的照射下充满温馨之感，窗台上的绿植为建筑增加一抹生机

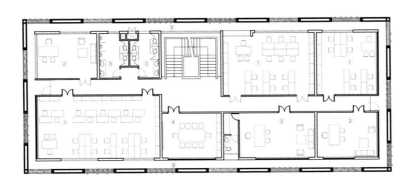

▲ 一层平面图

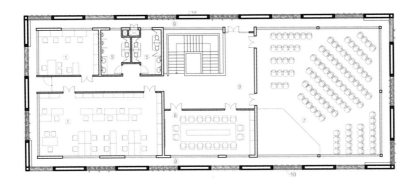

▲ 二层平面图

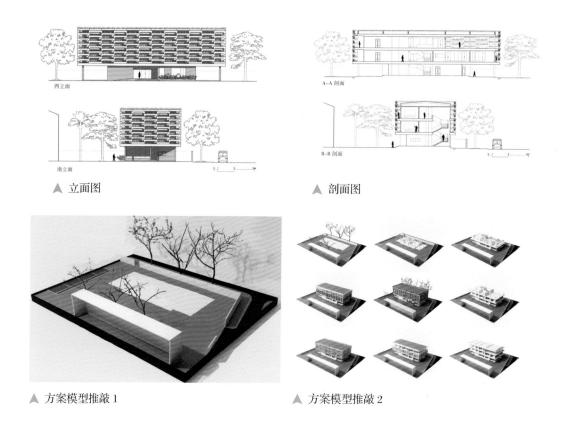

▲ 立面图　　　　　　　　　　　　　　　▲ 剖面图

▲ 方案模型推敲 1　　　　　　　　　▲ 方案模型推敲 2

▲ 建筑中的垂直交通楼梯采用最原始的混凝土浇筑而成，与纯白的墙面形成鲜明对比

▲ 巨型框架的优势在于它也是绿色植物的天然培养容器，在室内办公的同时可以一眼望尽优美的景色，凸显了绿色环保的建筑定位

▲ 室内空间采用白色主色调，也是外部框架的延伸，沉静而简约

▲ 报告厅座椅的排布打破常规，采取对角布置，最大化利用室内空间

◀ 被斑驳树影围绕的办公空间，简约而沉稳，追寻繁华都市中的宁静

法国白马酒庄，是世界仅有的四个圣埃美隆一级 A 等酒庄之一，位于波尔多圣埃米利法定产区，也是著名的波尔多八大酒庄之一。酒庄主人 Baron Albert Frère 男爵和 Bernard Arnault 希望建筑师在设计新建筑时能够捕捉到优雅和对细节的关注，正如酒庄珍贵的葡萄酒一样；能够与自然的风景和传统的酿酒工艺融合，实现严格的酿酒工艺所要求的环境条件，同时体现酒庄的悠久历史

白马酒庄

项目设计：Christian de Portzamparc
项目地点：法国
面积：5 250 平方米
竣工时间：2011 年
摄影师：Erik Saillet、Max Botton

　　作为 1994 年普利兹克奖的获得者，Christian de Portzamparc 设计的法国白马酒庄是一个现代风格的酒庄，将酿酒艺术提升到一个新的水平。酒庄的流线设计仿佛寓意着葡萄酒文化无限的传承与发展，流动的屋顶由横梁共同支撑。新酒庄是全混凝土结构，拥有六个曲线承重墙，作为主要支撑系统通过一系列横梁连接。建筑内部设有巨大的酒桶，用于葡萄酒的生产。流线型楼梯则通向建筑物的顶部，使建筑顶部可以作为休闲场所让来宾欣赏周围郁郁葱葱的景色。该酒庄的设计将波浪形状的新魅力和现代优雅融入了传统的法国建筑之中。

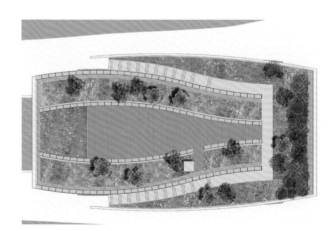

▲ 首层木制竖条板肌理与灰白色混凝土巧妙结合，凸显酒庄追求精致与原生的品质

▲ 建筑造型采用一种柔和的流线型，融合于环境中，白色体量打破庄园中的宁静，犹如一个精灵

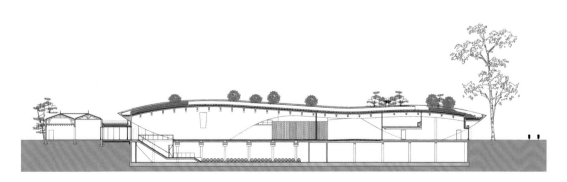

▲ 剖面图

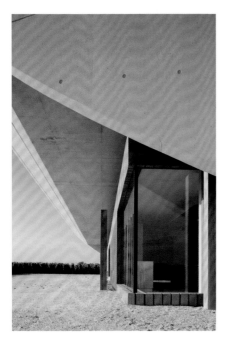

接待厅
曲线放桶区
技术馆
多功能区
办公区

接待厅　曲线放桶区　技术馆　多功能区　办公区

▲ 平面图

▲ 斜切状的巨型屋顶更好地塑造建筑形象，
简约有力

▲ 独特的结构空间使人如同置身于古老的船舱，光影之间，塑造其特殊空间效果，等待人们去探寻其中的
秘密

▲ 入口空间与原有建筑相连接，传统与现代材质之间的碰撞创造了丰富的视觉效果。贯通的空间可以一览田野的美景

▲ 酒窖空间采取独特的波形梁，结合柔和的灯光，很好地与酒的纯美与高贵相呼应

——第八章——
动态流线

折线与曲线在建筑表现中通常作为美化建筑立面、转变建筑感官的重要元素。曲直的转换以一种柔和的手段弱化建筑对外界环境的影响，更加有机、自然地结合场地与环境。运用在外部造型中，形体元素的转化往往通过材料、肌理来实现。近年来数字参数化技术的普及博得了更多的关注，动力流线引领了现代建筑潮流。运用在内部空间，流线型体量结构创造了更为柔和多变的空间体验，以细腻丰富的动力流线区别于以往的阳刚直接，获得了更多有力的支撑。彰显独特魅力文化的企业建筑对于非线性元素的运用无疑是妙手良方，在众多类型的建筑中脱颖而出。

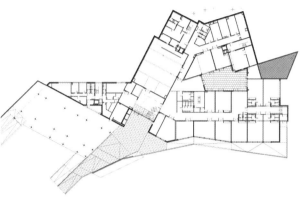

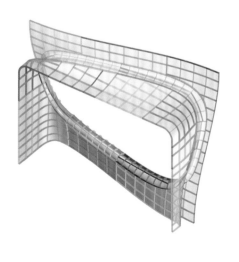

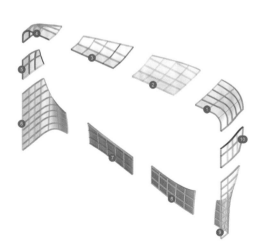

Zeimuls 创意服务中心位于拉脱维亚东部，空间体量围绕当地著名的雷泽克内城堡遗址弯曲，与周围的地形相结合。插在绿色空间体量中的"铅笔"是现存苏联时期建筑的做法

拉脱维亚东部 Zeimuls
创意服务中心

项目设计：SAALS Architecture
项目地点：拉脱维亚
面积：4 400 平方米
竣工时间：2014 年
摄影师：Jevgenij Nikitin、
　　　　Janis Mickevics、
　　　　Ingus Bajars

　　"传说中国王的女儿 Roze 生活在雷泽克内城堡的护堤下，等待着有人将她带上地面……同时，来自异域的'巫师'建筑师将地面抬升起来，为雷泽克内的所有孩子创造出一个自由的空间，供他们长高、增长智慧并变得与众不同。青少年们爬上地面，并将他们的作品展示于世，让里加的绅士们钦敬不已。"建筑融入了当地的传说和神话，为雷泽克内的孩子们和青年人创造一个有创意的工作环境，激发着人们的无限想象力。

▲ 区域平面图

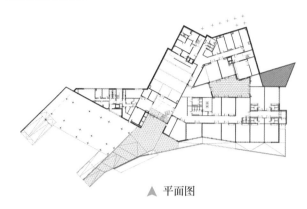

▲ 平面图

▼ 场地的基本条件决定了建筑需要深深嵌入地下，三角形的绿化屋顶成为建筑的第五个立面，这是该结构体最大的特色。建筑结构采用了整体浇筑式混凝土，外表皮抹灰处理。尽管大部分房间都是规则的矩形平面，但其清水混凝土的戏剧性天花板和形式多样的窗户却创造出了多样化的独特空间。屋顶造型庇护着孩子们，阳光透过各种开口洒满所有的房间、大厅和走廊，从外面看，建筑在黑暗中闪烁着神秘的光芒

◀ 不规则走向的绿植屋面造就了丰富的视觉效果，同时也作为行走流线的预示，错落有致

▶ 转弯形成的折角空间作为室外活动庭院，与三角形屋面咬合互补，趣味性十足。首层一个温馨的内部庭院把光线带到离表面较远的房间。建筑周围的景观，包括混凝土和绿化表面，都沿用了屋顶使用的几何图形要素，每个细节都展现出令人惊奇的雕塑感和艺术感

▶ 曲折而上的三角屋顶顺应地势，结合青青绿草，如同蔓延的山脉

▲ 独特的图案作为企业文化的标志，同时也激发人们的创意思维

▲ 不加修饰的混凝土棚顶面与弯折的楼梯显示出设计者对于自然原生的向往

▲ 不规则梯形木框吊灯点亮整个观演空间，给予平静空间一丝不平凡

▲ 平面图

▶ 建筑材料主要以木材、玻璃、钢材为主，在灯光映衬下三者结合彰显出自然、淳朴感。尽管有着 6000 平方米的规模，但它却给人一种亲近、居家的感觉，与城镇中心的小规模历史建筑相得益彰

汉南洞 HANDS 公司总部大楼位于韩国首尔汉南大道 104 号，作为这个交通繁忙地段中的一个体量不算大的建筑，它需要具备一定的标志性来吸引眼球，建筑师在如何解决行人、使用者与街道视觉互动方面进行了一番探索。建筑为办公楼，员工一般每天要花 8 个小时在封闭的办公空间中。每个办公室都设置了毗连的阳台，这些小阳台就像一座座漂浮的公园，能够被用作两到三人的交流空间和私人电话通信空间，使员工身心得到极大放松

汉南洞 HANDS 公司总部大楼

项目设计：THE SYSTEM LAB
项目地点：韩国，首尔
面积：433 平方米
竣工时间：2014 年
摄影师：Yongkwan Kim

这是一栋韩国领先的手机游戏开发商 HANDS 公司总部大楼，这座穿着最新款波浪"外衣"的大楼位于韩国首尔汉南大道（Hannam Blvd）104 号一处交通繁忙的地段。作为这个地段的一个体量不算大的建筑，要求其具备一定的标志性以吸引眼球。于是 THE SYSTEM LAB 的设计在使用者、行人以及街道之间的视觉交互上做了一番研究与探索。曲线的形式也增加了停留者对空间产生的兴趣，看似混乱的波浪面，其实从后面的分析图可看出，相同颜色的面具有着相同的曲率，为制造加工减轻了一定的负担。

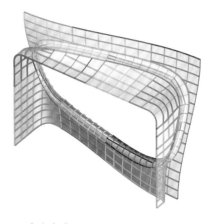
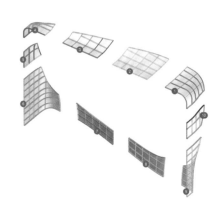

▲ 表皮生成

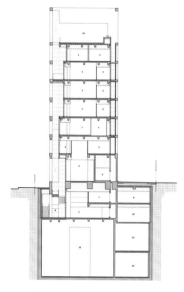

▲ 剖面图　　　　　　　　　　▲ B1 平面图

▲ 建筑立面是构成都市景观的重要要素。设计时，建筑师摒弃了只许建筑内的人向外看的单向交流，使得环境（行人、居民）和建筑间形成了自然的视觉互动，赋予建筑新的生命力

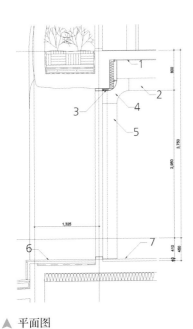

▲ 平面图

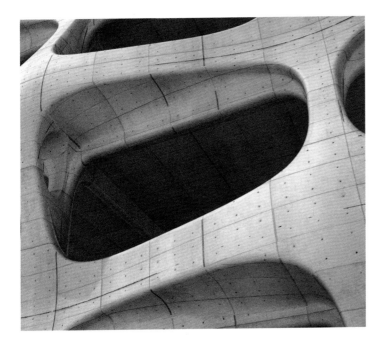

▲ 参数化建筑表皮赋予建筑一丝律动感，特殊的肌理表现与创新的企业文化不谋而合

◀ 每个办公室都设置了毗连的阳台，这些小阳台就像一座座漂浮的公园，能够被用作两到三人的交流空间和私人电话通信空间，使员工身心得到极大放松

143

▲ 弧形阳台是外部肌理的展现，参数化阵列的灯具与外立面和斜窗台呼应

▲ 通过这些毗连的阳台，可以很轻松地观赏到外面的美景

▲ 室内空间设计配色主要采用黑白灰三色，不规则圆形灯的排布彰显办公空间的简约现代感

Jingumae 大楼位于日本东京表参道大街的背街，是一幢由旧楼全面改造的建筑

Jingumae 大楼

项目设计：Amano Design Office
项目地点：日本，东京
面积：573 平方米
竣工时间：2014 年
摄影师：Nacasa、Partners Inc.

　　如何才能改变办公楼固有的死气沉沉而又呆板的形象？线条的变化能够使建筑的立体感突出，更具建筑美感。设计者将原建筑过时的装饰框架尽可能地去除，暴露出建筑体的原始形态。增加了建筑的层次及变化，安装了经电脑设计制作的金属百叶格栅，这层柔美的外衣为建筑增添了现代感。柔性的建筑表达形式，既能够给路人以亲切感，同时又在周围刚硬冷峻的建筑群中脱颖而出。

▲ 巨型波浪装饰框架给予旧建筑新的建筑表现，凸显现代多样化的建筑风格。建筑师采用了柔性的建筑表达形式，既能够给路人以亲切感，又能在周围刚硬冷峻的建筑群中脱颖而出。并且，建筑师尽可能地去掉了过时的装饰框架，暴露出建筑体的原始形态，然后安置了电脑设计的金属百叶格栅，像给建筑披了一层柔美的外衣，增添了建筑的现代感

▲ 平面图 1

屋顶

▲ 平面图 2

▲ 平面图 3

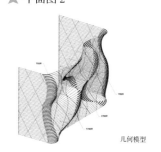

几何模型

▲ 模型分析图

▲ 新旧建筑材料与形式的对比，形成丰富的视觉效果，整个建筑成为光线的发生器。百叶格栅由半径不一的材料通过不规整立体拼接构成，实现了柔软曲绕的建筑表达。这些管材看似错综复杂，但实际上仅用了两种半径（ $R700$ 和 $R1700$ ）的曲线和直线规格。百叶格栅部件焊接在交叉的不锈钢板上，依靠不锈钢管的支撑从建筑表皮伸出，实现了流线造型，增加街区多样性，激活周边活力

◀ 夜幕降临，室内光线映衬下的建筑曲线形表皮赋予建筑透明性，直线与曲线之间完成很好的转化

▲ 流线型格栅和墙壁的处理手法

▲ 百叶格栅自由向天空蔓延，是对传统建筑形式的挑战，也作为激发周边城市环境活力的媒介

▲ 室内装饰风格现代简约，交错排布的顶灯打破空间形式的单调

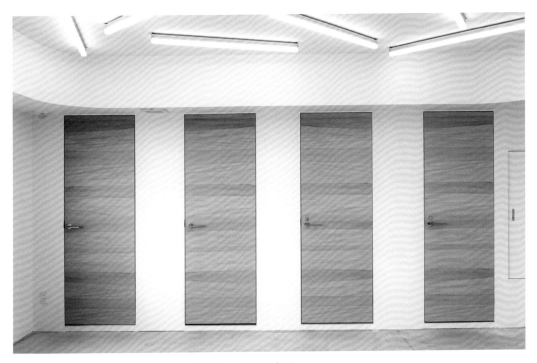

▲ 木材作为永恒的装饰材料，赋予空间沉稳、宁静的力量

——第九章——
立面微处理

　　立面处理是建筑设计的重要方面，它表征了一个建筑的特点，对于建筑给人的印象产生很大的影响。常用的立面处理手法有对比与微差、韵律与节奏、比例与尺度等。微处理手法在现代化立面处理中多元化展现，它摆脱传统的开窗形式以及轴线柱网，而在材质肌理以及现代技术的运用上寻求突破。企业建筑通常拥有独特的文化定位，细微的立面处理彰显企业卓越追求，使其在众多公共建筑中脱颖而出。

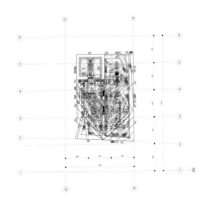

▲ 平面图

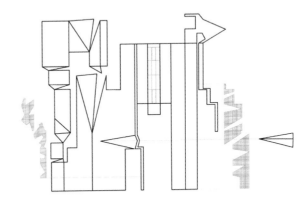

▲ 褶皱展开图

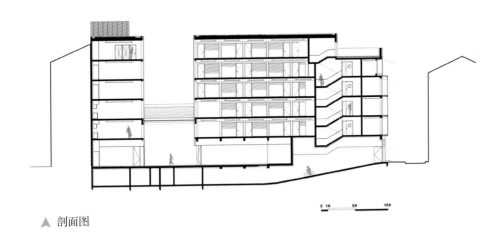

▲ 剖面图

这是一座用于消防训练的高 32.5 米的混凝土塔。该塔为竖直
结构。高高的塔身突显出褶皱的纹路，而混凝土褶皱又反过
来强化了塔身的垂直感。塔身结构还能节约建筑材料，以此
保证材料的高效利用。此外，压缩的塔身占据更小的空间

褶皱塔

项目设计：Coll-Barreu Arquitectos
项目地点：西班牙，比斯开湾
面积：556.88 平方米
竣工时间：2012 年
摄影师：Courtesy of CollBarreu
　　　　Arquitectos、Juan
　　　　Rodríguez

这是一栋用于消防训练的建筑，塔身的皱褶能够增强建筑的静塑感。褶皱构造是地壳中最广泛的构造形式之一，它几乎是地球上大中型地貌的基本形态。这栋高 32.5 米的大理石塔，即通过褶皱的立面，向我们展现了由地面直冲云霄的豪言壮志，彰显了消防事业的无限活力。

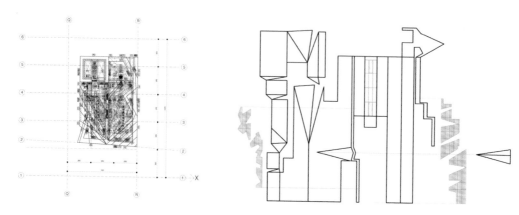

▲ 平面图   ▲ 褶皱展开图

◀ 塔身的不规则切面顺应线条走势，虚实之间形成采光的空隙，巧妙地与环境对话

◀ 突起的塔身有一种自然生长的能力，表面的褶皱肌理似乎是对蓝天白云的呼应

▶ 混凝土框架的起吊和安装工作均采用工业方法完成，但外模则采用人工方法。工人们得到一些简单的指导和建议后，每个人根据自己的喜好自行组织图案。因此，外部的每一个细节都是人工工艺的体现，整个外立面看起来十分生动。

多样活动网格形成的深孔将墙壁分割开来。斯巴达式的粗糙内部采用混凝土和镀锌或涂漆钢筑成。纹理丰富的塔身也是绘图纸：可以看到混凝土表面的笔记、数字……这是自由之地，也是充满无限可能的未知之所

▲ 不规则的楼梯排布创造了变化多样的空间环境

▲ 多种活动钢板作为光线的入口，使室内外环境很好地结合起来

▲ 通向塔顶的楼梯随中庭盘旋而上，粗糙混凝土与曲折镀锌钢板巧妙结合，创造出丰富的空间变化

该项目旨在修复位于法国图卢兹的松鼠储蓄银行的总部大楼，使其在保有建筑历史感的同时彰显现代气息。重建朝向豪斯曼大道的建筑立面，保持原始的大厅组织形式，延续这座历史性建筑的内部功能，采用分别构筑街道立面和庭院内立面的双重性手法

松鼠储蓄银行总部

项目设计：Taillandier
　　　　　Architectes Associés
项目地点：法国，图卢兹
面积：5 500 平方米
竣工时间：2013 年
摄影师：Stéphane Chalmeau

　　该项目的主要设计意图是修复历史悠久的松鼠储蓄银行总部大楼，创建一个与银行体量相符的工作环境，同时在保有建筑历史感的前提下创造彰显现代气息的改造建筑。立面的金属板和原有的欧式建筑风格相结合，将现代的建筑元素融入原有建筑中，同时又赋予了建筑立面新的质感。

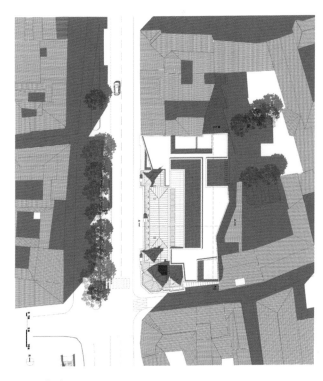

▲ 区域图

▲ 犹如神秘图腾标志的镀锌板与原建筑精巧结合，赋予建筑神秘色彩。不规则窗打开与闭合都能与外立面完美地契合，细节处理别具一格

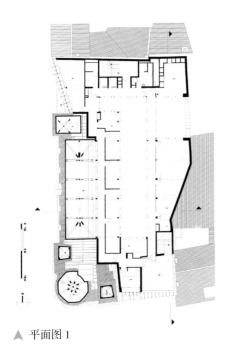

▲ 平面图 1

▲ 镀锌板在光线的照射下凸显其特有的光泽，成为旧建筑群中标志性元素

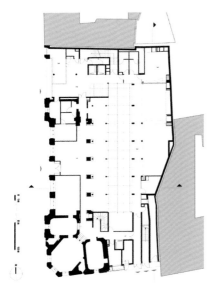

▲ 平面图 2

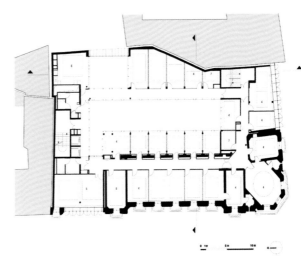

▲ 平面图 3

◀ 细微的纹理变化不仅
凸显肌理变化，同时也
创造了丰富的光影效果

◀ 窗扇开启，建筑与外
部环境进行对话

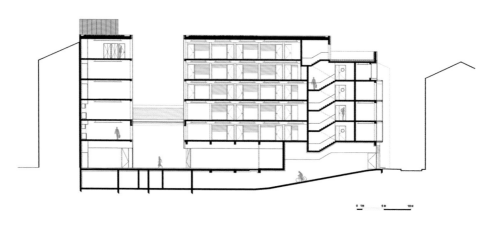

▲ 剖面图

▲ 在街道一侧，扩建部分使用了优雅、耐用的不锈钢材料。建筑师把垫子般的面板拼接来与镀锌穹顶和塔尖的色彩相吻合。建筑主要使用了石材、原建筑立面的镀锌板（经过清理，使之焕发出原有的光泽）、扩建部分的不锈钢（艺术家 Gérard Tiné 设计的经喷砂处理的不锈钢面板，上面带有随意的穿孔）等材料。这些材料使项目巧妙地与图卢兹的城市景观融为一体。建筑独具特色的镀锌塔顶与不锈钢立面互相呼应，相得益彰

在庭院一侧，走廊的扩建部分围绕两个内部庭院展开，创建了安宁开放的工作环境。玻璃和闪光的不锈钢与立面一侧的立面形成了比照

大杨集团小窑湾国贸大厦

项目设计：大连风云建筑设计有限公司
项目地点：中国，大连市
面积：174 000 平方米
竣工时间：未竣工

本项目位于小窑湾 CBD 中心商务区与滨海休闲区之间，是具有商贸办公、文体娱乐、展览居住等复合功能的国际化、现代化、生态化的公园办公总部。建筑融合国际设计理念和元素，使用白色铝材和玻璃展现现代立体剪裁感，凸显大杨集团作为西装品牌的企业形象。

◀ 集商贸办公、文
体娱乐、展览居住于
一体的复合办公空间

▲ 建筑外部延伸出绿化及水面，打造生态化的公园办公空间

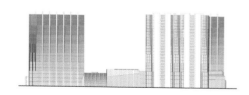

▲ 北立面

▲ 东立面

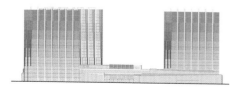

▲ 南立面

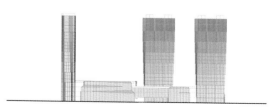

▲ 西立面

▲ 立面造型从海浪和西服笔挺硬朗的线条中汲取灵感，打造丰富的光影变化

▲ 使用白色铝材和玻璃展现现代立体剪裁感，凸显其企业形象

徽派老宅室内空间

大连风云文化创意产业园

项目设计：大连风云建筑设计有限公司
项目地点：中国，大连市
面积：3 600 平方米
竣工时间：2016 年
摄影师：王丹、吴晓东、徐丹

　　大连风云文化创意产业园以"集装箱搭建"为主要建筑空间特色，一共分为 4 层，其中艺术展览、论坛报告、茶艺咖啡等共享空间的面积占一半以上。产业园以"建筑艺术设计及文化交流平台"为运营理念，以"一站式配套"为服务基础，以"传承匠人精神"为己任。核心空间有一座徽派老宅，现代建筑与传统建筑的碰撞，凸显出创意设计企业的独特性，同时也增加了办公空间的层次丰富性。

▲ 风云工坊为创意性共享办公空间，以集装箱的改造为主，植入徽派老宅作为主空间

▲ 徽派老宅二楼延伸出艺术沙龙戏台，带出水面景观，活跃办公气氛

▲ 建筑材料主要以木材、铁皮、玻璃为主，三者结合彰显出自然、淳朴感，置入运动器械，提供休闲健身空间

◀ 建筑由集装箱改造而成，保留其外观样式及建筑材料，以此分割出若干个不同的办公空间

▲ 局部加建二层，临近水面，满足工作之余的休闲观赏功能，作为阅读空间使用

▲ 建筑由集装箱改造而成，保留其外观样式及建筑材料，以此分割出若干个不同的办公空间

▲ 墙面有细微的韵律感和秩序感，整体使用红砖砌筑，局部嵌入镂空，技巧性的砌筑方式具有一种编织的纹理感

结语

　　企业建筑是企业文化的重要表现形式，是企业文化的主要传播载体。企业建筑能够展示企业形象，贯彻和发扬企业文化。企业类型不同，其外在表达必不相同：有的是从企业的产品和商标基本型衍化，生成建筑的造型与立面；有的则通过立面的表皮机理以及体块和空间序列表达企业形象的独特性；也有近几年作为更新项目出现的新旧结合的改造建筑作为企业总部的案例。

　　笔者在本书编著过程中陆续完成了 3 个不同类型的企业办公建筑，同时也将 3 个作品编入其中。一个是服装企业的办公总部，一个是互感器企业的加工车间，还有一个是笔者自己的文化创意办公园区。在面对不同的企业类型、不同的项目甲方，甚至还有自己同时兼具甲乙方身份的情况，以及不同的办公空间需求时，笔者希望通过这样的建筑载体将企业的文化和精神表达出来。本书所编案例可能不是大师之作，但都以各自的建筑风格形态或夸张或含蓄地表达出每一个企业的独特性。如何将建筑形态这样的物质外观与企业精神这样的精神形态结合起来，并以建筑师专业的手法表达出来，可能是人们关心的重点。希望本书可以为大家做办公建筑设计时给予一些启发。

　　感谢参与本书编著的各位作者，感谢大连风云建筑设计公司的各位设计师协助整理项目方案的图片和文字。感谢大连理工大学胡文荟教授为本书作的序言并给予了如此高的评价。

　　2020 年是笔者自己的作品大连风云工坊文化创意产业园建成到投入使用的第 4 年，这个项目就是由既有厂房建筑更新改造为办公建筑的典型案例，设计的难点也是如何将工业遗产的自身属性与创意设计这样的企业属性进行融合。笔者也会继续深耕城市更新与旧建筑改造领域，陆续推出相关作品和专著。

王丹

2020 年 8 月